Marcel Pochulú
Raquel Abrate
Sandra Visokolskis

La metáfora en la educación

Marcel Pochulú
Raquel Abrate
Sandra Visokolskis

La metáfora en la educación

Descripciones e implicaciones

PUBLICACIONES UNIVERSITARIAS ARGENTINAS

Impresión
Informacion bibliografica publicada por Deutsche Nationalbibliothek: La Deutsche Nationalbibliothek enumera esa publicacion en Deutsche Nationalbibliografie; datos bibliograficos detallados estan disponibles en Internet en http://dnb.d-nb.de.
Los demás nombres de marcas y nombres de productos mencionados en este libro están sujetos a la marca registrada o la protección de patentes y son marcas comerciales o marcas comerciales registradas de sus respectivos propietarios. El uso de nombres de marcas, nombres de productos, nombres comunes, nombres comerciales, descripciones de productos, etc incluso sin una marca particular en estos publicaciones, de ninguna manera debe interpretarse en el sentido de que estos nombres pueden ser considerados ilimitados en materia de marcas y legislación de protección de marcas, y por lo tanto ser utilizados por cualquier persona.

Imagen de portada: www.ingimage.com

Editor: PUBLICACIONES UNIVERSITARIAS ARGENTINAS es una marca comercial de
Südwestdeutscher Verlag für Hochschulschriften GmbH & Co. KG
Heinrich-Böcking-Str. 6-8, 66121 Saarbrücken, Alemania
Teléfono +49 681 3720-271-1, Fax +49 681 3720-271-0
Correo Electronico: info@svh-verlag.de

Publicado en Alemania
Schaltungsdienst Lange o.H.G., Berlin, Books on Demand GmbH, Norderstedt, Reha GmbH, Saarbrücken, Amazon Distribution GmbH, Leipzig
ISBN: 978-3-8454-6013-0

Imprint (only for USA, GB)
Bibliographic information published by the Deutsche Nationalbibliothek: The Deutsche Nationalbibliothek lists this publication in the Deutsche Nationalbibliografie; detailed bibliographic data are available in the Internet at http://dnb.d-nb.de.
Any brand names and product names mentioned in this book are subject to trademark, brand or patent protection and are trademarks or registered trademarks of their respective holders. The use of brand names, product names, common names, trade names, product descriptions etc. even without a particular marking in this works is in no way to be construed to mean that such names may be regarded as unrestricted in respect of trademark and brand protection legislation and could thus be used by anyone.

Cover image: www.ingimage.com

Publisher: PUBLICACIONES UNIVERSITARIAS ARGENTINAS
is an imprint of the publishing house
Südwestdeutscher Verlag für Hochschulschriften GmbH & Co. KG
Heinrich-Böcking-Str. 6-8, 66121 Saarbrücken, Germany
Phone +49 681 3720-271-1, Fax +49 681 3720-271-0
Email: info@svh-verlag.de

Printed in the U.S.A.
Printed in the U.K. by (see last page)
ISBN: 978-3-8454-6013-0

Copyright © 2011 by the author and Südwestdeutscher Verlag für Hochschulschriften GmbH & Co. KG and licensors
All rights reserved. Saarbrücken 2011

La Metáfora en la educación

Descripciones e implicaciones

Marcel Pochulu
Raquel Abrate
Sandra Visokolskis

LA METÁFORA EN LA EDUCACIÓN

descripciones e implicaciones

Marcel Pochulu
Raquel Abrate
Sandra Visokolskis

Índice

Prólogo	13

I. Génesis y cláves de lectura de la metáfora retórica clásica — 19
    La metáfora como fenómeno lingüstico — 19
    La metáfora en la Antigüedad: Grecia — 21
        Aristóteles — 21
    La metáfora en la Antigüedad: Roma — 32
        El desarrollo del fenómeno "metafórico" en Roma — 32

II. El fenómeno de la transducción en la matemática: Metáforas, Analogías y Cognición — 37
    Introducción — 37
    Etapa primera: proceso de configuración del problema en cuestión — 43
    Etapa segunda: la metaforización — 47
    Etapa de analogización — 49
    Conclusión — 50
    Referencias bibliográficas — 51

III. Representaciones icónicas metafóricas en Charles Sanders Pierce — 53
    Introducción — 53
    Una distinción preliminar: la noción de ícono — 54
    El factor sorpresa: la anomalía implícita — 57
    La propuesta: teoría complementarista de la metáfora — 61
    Conclusiones — 63
    Referencias bibliográficas — 64

IV. Intuición, existencia y Metáfora Objetual en las Matemáticas — 65

Introducción — 65

Diferentes maneras de entender la intuición — 66

    La intuición en la teoría clásica de la verdad matemática — 66

    La intuición y la dualidad particular-general — 67

    La intuición y el proceso de idealización — 68

    Intuicón versus abstracción — 69

De limitación entre materialización-idealización y particularización-generalización — 69

    Procesos de particularización y de generalización — 70

    Procesos de idealización y de materialización — 71

Existencia de lo objetos matemáticos — 74

    Platonismo interno y externo — 75

La metáfora Objetual — 76

    Niveles entre el ostensivo y el no ostensivo — 76

    Esquemas de imagenes — 78

    La metáfora Objetual — 79

    Expresiones metafóricas de la metáfora obejtual — 81

Diferenciación entre ostensivos y no ostensivos — 85

Reflexiones finales — 89

Referencias bibliográficas — 91

V. Metáforas en contextos de resolución de ecuaciones — 95

Introducción — 95

Marco teórico — 99

    El discurso de la matemática escolar — 99

    La Teoría contemporánea de la metáfora — 102

    Algunos antecedentes en el estudio de metáforas en Educación matemática — 105

    El enfoque ontosemiótico del conocimiento y la instrucción matemática — 106

Metodología — 108

Resultados y discusión — 110

Conclusiones — 118

Referencias bibliográficas   **120**

VI. Metáforas y pedagogía - Las metáforas como pistas sobre el sentido de la educación   **127**

Introducción   **127**

Algunas notas características de las metáforas   **128**

Metáforas para describir a la educación: la pedagogía   **132**

Metáforas de ayer y de hoy: acercade los sentidos sobre la escuela y la educación   **135**

    Algunas metáforas fundantes del sistema educativo nacional   **136**

    Algunas metáforas actuales   **142**

Para cerrar estas reflexiones   **153**

Referencias bibliográficas   **155**

PRÓLOGO

A lo largo de esta obra, se presentan trabajos que expresan posiciones respecto a la metáfora asentadas en distintas perspectivas teóricas. Desde una perspectiva que propicia la variedad de modos de pensar, se presentan a continuación una serie de trabajos que enfocan el fenómeno metafórico con criterios diversos, coincidiendo todos ellos en resaltar cierto beneficio en la introducción de metáforas, no sólo en el discurso cotidiano, sino también en ámbitos científicos.

Más aún, los capítulos irán manifestando progresivamente la inserción muy generalizada en el discurso contemporáneo de la idea que las metáforas son ubicuas, compartiendo con ello la tendencia actual de visualizar los procesos de metaforización como cognitivamente comprometidos.

La secuencia con que estos trabajos están ordenados responde así a un orden cronológico que evoluciona desde posiciones más asépticas respecto a la incidencia de la metáfora en contextos no literarios, hasta casos de una clara aceptación de la utilización de metáforas en contextos matemáticos y su aplicación a la educación, ámbito central desde el cual girarán varias de las discusiones presentes en este libro.

En efecto, el trabajo de Juan Kalinowski, capítulo 1 de este texto, titulado *Génesis y claves de lectura de la metáfora en la retórica clásica* pone el acento exclusivamente en el papel lingüístico que opera en la elaboración de la metáfora, poniendo de manifiesto con ello la importancia de la "expresión metafórica".

En cambio, los trabajos de Sandra Visokolskis, correspondientes a los capítulos 2 y 3, que llevan por títulos, respectivamente, *El*

Fenómeno de la Transducción en la Matemática: Metáforas, Analogías y Cognición y Representaciones Icónicas Metafóricas en Charles Sanders Peirce, ponen el acento en el aspecto cognitivo relativos a la metáfora, y en particular, en la cuestión específica de los "procesos de metaforización", como los ha dado en llamar la autora, que se supone llevan a producir conocimiento.

Ambas perspectivas no son por cierto incompatibles en tanto y en cuanto se destaquen ambos roles -el lingüístico y el cognitivo-, y ninguno opere en desmedro del otro.

En efecto, el trabajo de Juan Kalinowski relata la importante tarea de indagación etimológica en torno a los procesos de sistematización del término metafórico, consistente en enfatizar la eficacia designativa de las metáforas en los procesos de denominación respecto de un determinado comportamiento en un particular momento histórico, eficacia que puede llegar a agotarse y requiere de modificaciones en el campo semántico en el que originariamente se ha atribuido existencia ontológica, o bien de ciertas transformaciones en los nombres que la designan.

El problema de centrar todo el análisis acerca del significado y/o uso de la metáfora consiste, en principio, en la necesidad de actualización constante para dar plena vigencia al papel de ésta en el transcurso del tiempo y en su aplicación en diferentes culturas, actualización que permitiría asignarle una pertinencia cognitiva que escapa a una visión meramente etimológica enfrascada en aspectos meramente lingüísticos de los procesos de metaforización.

Es por ello que el trabajo titulado *El Fenómeno de la Transducción en la Matemática: Metáforas, Analogías y Cognición*, de Sandra Visokolskis, intenta conferir a la metáfora un rol cognitivo que, se sostiene, estuvo presente ya en los trabajos aristotélicos, pero que perdió vigencia y centralidad en manos de los retóricos latinos, más preocupados por el buen gusto, la estilística, el ornato y el buen decir expresivo - sobre todo en un esfuerzo por expurgar presiones retóricas invadidas por el gusto hacia la persuasión sin más- y relegando en todo caso al trabajo filológico cierta búsqueda por los posibles significados ocultos que los términos metafóricos, se presume, ocultan. En el mencionado trabajo, la autora describe una manera posible de concebir la metáfora inserta en el procesamiento cognitivo, involucrando así a este instrumento heurístico en algo más que ese papel meramente auxiliar, sino, por el contrario, en un elemento constitutivo básico de nuestras capacidades cognoscitivas.

Con respecto al capítulo 3, denominado *Representaciones Icónicas Metafóricas en Charles Sanders Peirce*, allí se plantea la orientación peirceana del sentido de la metáfora en la producción semiótica. Charles Sanders Peirce, al decir de la autora, ofrece un interesante giro acerca de la reflexión en torno a la metáfora. Señala la inserción de ésta dentro de las representaciones icónicas, a través de su teoría de los signos, y la importancia del razonamiento abductivo en los procesos de metaforización.

Lo que en él se destaca es la observación relativa al factor sorpresa con que nos enfrentamos al aproximarnos a una metáfora, que provoca una llamada de atención sobre la confrontación de dos dominios discursivos presentes en ella y que, en principio, no suelen convocarse en el discurso y el pensamiento, llevándonos así a elaborar hipótesis de tipo abductivo, y con ellas, consecuencias cognitivas ampliativas en el proceso de comprensión de la misma. Todo lo cual conduce a resaltar una vez más cómo las metáforas operan en nuestro lenguaje, avanzan más allá del mismo e involucran, en su paso, áreas del saber que escapan al de la conceptualización de la metáfora como un recurso retórico-estilístico, para insertarse definitivamente en un espacio cognoscitivo.

Pasando ahora al capítulo 4, titulado *Intuición, Existencia y Metáfora Objetual*, sus autores, Vicenç Font Moll y Jorge Acevedo Nanclares, presentan un trabajo que ingresa ya en el terreno de la matemática, analizando la cuestión de la intuición, en tanto puente conector entre el mundo de los signos matemáticos materiales y los objetos ideales que dichos símbolos representan. En relación con la metáfora, la intuición es considerada en este trabajo a partir de "esquemas de imágenes", propuesta introducida por Johnson en 1991, que ubica a las metáforas en un sitio privilegiado a partir del cual la interpretación de las entidades matemáticas se explica de un modo más razonable.

Es así que los autores, Font Moll y Acevedo Nanclares proponen en este capítulo analizar la metáfora en matemática desde la perspectiva de los esquemas de imágenes, para dar sentido a las experiencias humanas en dominios abstractos -como es el caso de la matemática- mediante proyecciones metafóricas.

El capítulo 5, denominado *Metáforas en Contextos de Resolución de Ecuaciones*, cuyos autores son Raquel Abrate, Marcel Pochulu y Vicenç Font Moll, aborda una problemática educativa situada en el contexto de la matemática, en torno a modelos y métodos de resolución de ecuaciones algebraicas.

Los autores, Abrate, Pochulu y Font Moll, plantean que en este ámbito prolifera la utilización de metáforas, sobre todo en instancias donde el lenguaje matemático resulta incomprensible o bien escaso o inaccesible a la hora de poner manos a la obra en la resolución de ecuaciones. Más aún, profundizan la cuestión al analizar, en detalle, el tipo de metáforas que emplean los alumnos en su discurso cuando resuelven ecuaciones algebraicas; así como también el que aparece en los libros de texto de matemática, en lo que refiere a esta temática concreta.

El trabajo además presenta una revisión interesante respecto del estado de las cuestiones en torno a la noción de discurso en la educación matemática y su relación con la metáfora, ya que aporta gran claridad como marco teórico previo a la presentación de un estudio de caso llevado a cabo en la Argentina desde una perspectiva innovadora que parte del uso de metáforas en el discurso del profesor y de los alumnos en tanto son utilizados para la enseñanza y el aprendizaje de reglas institucionales a partir de las cuales afloran los objetos matemáticos en los alumnos.

Por último, el capítulo 6 titulado *Metáforas y Pedagogía. Las Metáforas como Pistas sobre el Sentido de la Educación* tiene por autora a Silvia Paredes. Este texto presenta una interesante relación de la metáfora con el pasado histórico argentino, asociado al proyecto educativo llevado a cabo por Domingo Faustino Sarmiento en el siglo XIX.

En este sentido, su autora, Paredes, aborda el análisis de las metáforas utilizadas por Sarmiento en tanto exponente de las concepciones hegemónicas que dominaron la educación argentina en el período decimonónico. En particular, interesa observar cómo tal empleo metafórico contribuyó a imponer posiciones que repercutirían en ámbitos algo alejados de las letras, como es el caso de la política educativa, sus prácticas y sobre todo la construcción de un sentido común sobre la educación, orientado a resaltar un ansiado optimismo pedagógico que, para Sarmiento, constituiría el impulso requerido para manifestar el modernismo que era necesario, según él, para activar al país y, con ello, conformar un sólido sistema nacional de educación, en constante expansión.

En este sentido, la autora insiste en hacer notar cómo la escuela se vuelve para Sarmiento en el emblema metafórico, es decir, en una "metáfora del progreso, en una de las mayores construcciones de la modernidad". Ahora bien, Paredes aprovecha el recurso histórico para contrastar el sentido de educación decimonónica sarmientina con las perspectivas actuales, y, en este proceso, vuelven a emerger las metáforas como armas de exposición de posiciones vigentes. El trabajo aporta, por tanto, una visión comparativa de dos períodos diferentes, en los cuales el recurso metafórico ha contribuido notablemente en la descripción de las pautas sociales, culturales y políticas de la educación reinante en la Argentina.

GÉNESIS Y CLAVES DE LECTURA DE LA METÁFORA EN LA RETÓRICA CLÁSICA

Juan Pedro Kalinowski

La metáfora como fenómeno lingüístico

El lenguaje, como actividad significativa netamente humana, es el medio en el que se generó y se reprodujo el fenómeno metafórico y también la mirada inicial con la que se han efectuado los primeros esfuerzos teóricos destinados a identificarla y definirla en sus elementos constitutivos y en su dinámica expresiva.

Esta es la razón por la que las primeras reflexiones en torno a la "metáfora" no pueden separarse de las primeras indagaciones que el hombre se ha formulado en torno a una cualidad que lo distingue de los demás seres vivos: la posesión de un lenguaje, entendido como el conjunto de signos verbales por medio de los cuales el hombre logra clasificar el mundo y, en consecuencia, comprenderlo. Desde sus comienzos, la metáfora adopta modalidades de formulación y sentido que están estrechamente ligadas con las condiciones determinantes de las concepciones lingüísticas.

En este sentido, el mundo griego y latino que enmarca al presente trabajo inicia un recorrido teórico vinculado a la metáfora que, con altibajos, se mantiene a lo largo de la historia y transcurre inclusive por etapas que postergaron la indagación metafórica hasta arribar a la actualidad, en donde ha cobrado vigor la noción de que este tropo es mucho más que una figura retórica, es decir, ha ganado un espacio propio que la posiciona como una creación del hombre, que puede ofrecer una clave científica para investigar mejor la mente humana.

De esta manera, una primera formulación vinculada al lenguaje tiene lugar en la antigua Grecia con la figura de Parménides (s. VI-V a.c) y de sus discípulos, que se ocuparon de la relación entre *sujeto y predicado* en la sintaxis del enunciado, considerando la lengua como un "espejo noético" de cómo conocemos la realidad. Más adelante, Platón (428-347 a. c) dedicó al tema del lenguaje un diálogo completo, el *Crátilo*, en el que se debate la oposición entre la teoría naturalista y la convencionalista del origen del lenguaje.

La teoría naturalista sostenía que había una conexión íntima e inequívoca entre el lenguaje y la realidad; el lenguaje, entonces, imitaba la realidad y reproducía la esencia de ésta de modo que había una conexión directa entre los componentes lingüísticos y el ser de las cosas. Por otra parte, la teoría convencionalista negaba esa conexión directa entre el lenguaje y la realidad y sostenía que los nombres asignaban denominaciones a las cosas en virtud de convenciones (νόμοι) que luego se constituían en hábitos lingüísticos comunitarios (ἔθοι). Dichas tesis están expresadas en las personas de Crátilo y Hermógenes, protagonistas, junto a Sócrates, del mencionado diálogo.

El final del *Crátilo* deja bien en claro que el lenguaje no es bajo ningún punto de vista un medio para el conocimiento de la realidad, aunque innegablemente colabore al conocimiento de la misma. Esto es así porque el mundo -señala Coseriu1 en un comentario a este diálogo- no es un hecho dado al lenguaje como algo ya delimitado, con sus elementos autónomos y claramente individualizados en su entidad. De ser así, el lenguaje sólo tendría que denominar las cosas más allá de la realidad de sus condiciones o limitaciones. Sin embargo, los modos de ser de las cosas se transmiten primero por el lenguaje a través del significado de las palabras y solamente por ello las cosas pueden ser denominadas por su nombre, es decir, reducidas a su significado.

Cada lengua, en consecuencia, es un sistema de denominaciones que representa una visión del mundo de manera independiente de la existencia

---

[1] Coseriu, E., "El lenguaje entre physei y thesei", en *Comunicación y Sociedad*, Volumen II, N° 1, 1989.

extralingüística real y objetiva de las cosas, pero tales cosas, en su individualidad y como objetos de pensamiento, sólo están dadas por el lenguaje. Es decir, dicho tejido de significados que se articulan en una lengua constituye un *mundus intelligibilis* que sustituye al *mundus sensibilis*; el lenguaje, en consecuencia, configura un mundo real, material, externo a sí, por medio de un mundo pensable, conceptual, mental, que por sus significados se puede referir a las cosas como existentes o no existentes.

En esa vinculación entre *mundus intelligibilis* y *mundus sensibilis* desarrolla el hombre su capacidad comunicativa y creadora, que tiene por instrumento inmejorable al lenguaje. Y es también, en consecuencia, el espacio dinámico en el que la metáfora se despliega para ofrecerse, en ocasiones, como intermediaria de ambos mundos, al hacer uso de recursos lingüísticos con objetivos preferentemente estéticos o retóricos, y modelar, de alguna manera, nuestra visión del mundo.

La metáfora en la antigüedad: Grecia

Aristóteles

Uno de los representantes más característicos del genio griego por la vastedad y profundidad de su pensamiento es Aristóteles. Nacido en Estagira, en Tracia, en el año 384-383 a.c., según Diógenes Laercio, muere en el año 322 a.c., y deja tras de sí una vasta producción intelectual que ha llegado hasta nuestros días, y que incluye obras en las que se abordan temas relacionados con el lenguaje, especialmente en la *Poética* y la *Retórica*, que contienen la primera definición y un precursor desarrollo del marco conceptual de la metáfora.

ASPECTOS DE SU PENSAMIENTO RELACIONADOS CON EL LENGUAJE

En el extenso quehacer reflexivo de Aristóteles, lo vinculado con el lenguaje ocupa un espacio relevante al establecer claramente su particular condición de fenómeno netamente humano, o bien al desplegar pormenorizadamente los aspectos funcionales del mismo. Un testimonio elocuente de lo primero se encuentra en el siguiente pasaje (Pol. I 2, 1253ª1-18).

Ἐκ τούτων οὖν φανερὸν ὅτι τῶν φύσει ἡ πόλις ἐστί, καὶ ὅτι ὁ ἄνθρωπος φύσει πολιτικὸν ζῷον, ἴ...]. Οὐδεν γὰρ, ὡς φαμέν, μάτην ἡ φύσις ποιεῖ· λόγον δε μόνον ἄνθρωπος ἔχει τῶν ζῴων· μεν οὖν φωνὴ τοῦ λυπηροῦ καὶ ἡδέος ἐστὶ σημεῖον, διὸ καὶ τοῖς ἄλλοις ὑπάρχει ζῴοις (μέχρι γὰρ τούτου ἡ φύσις αὐτῶν ἐλήλυθε, τοῦ ἔχειν αἴσθησιν λυπηροῦ καὶ ἡδέος καὶ ταῦτα σημαίνειν ἀλλήλοις), ὁ λόγος ἐπὶ τῷ δηλοῦν ἐστι τὸ συμφέρον καὶ τὸ βλαβερόν, ὥστε καὶ τὸ δίκαιον καὶ τὸ ἄδικον· τοῦτο γὰρ πρὸς τὰ ἄλλα ζῷα τοῖς ἀνθρώποις ἴδιον, τὸ μόνον ἀγαθοῦ καὶ κακοῦ καὶ δικαίου καὶ ἀδίκου καὶ τῶν ἄλλων αἴσθησιν ἔχειν.

Es evidente, pues, por lo dicho anteriormente, que la polis está entre las realidades naturales y que el hombre es, por naturaleza, un ser viviente que habita en poleis, [...]. Pues, como decimos, la naturaleza no hace nada en vano. *Solamente el hombre, entre los seres vivos, posee la palabra*. Además, por otra parte, la voz es signo de dolor o de placer, por ello es inherente a los restantes seres vivos (su naturaleza, en efecto, les permite sentir el dolor y el placer y comunicárselo entre ellos). *Pero la palabra pone de manifiesto lo útil y lo dañino, y de la misma manera, lo justo y lo injusto; esto, en efecto, es lo propio de los hombres con relación a los demás seres vivos: el tener únicamente él la percepción de lo bueno y de lo malo, lo justo y lo injusto y de otras cosas*.

Esta primera referencia es significativa por cuanto, en torno al hombre, se articulan notas propias de su naturaleza que lo identifican y, a su vez, lo distinguen del resto de los seres vivos. Tales son su tendencia natural a organizarse colectivamente respondiendo al impulso de su instinto gregario e, inmediatamente asociado a ella, su patrimonio exclusivo: la posesión de la palabra o "λόγος (λογοσ)²", es decir, del don de la palabra entendida como una facultad humana producto de un proceso racional de actividad discursiva. Los restantes seres vivos comparten con el hombre la posibilidad natural de emitir sonidos (φωνή), pero restringida a la esfera instintiva de la transmisión de impulsos vitales básicos.

Sin embargo, la inclusión de un componente significativo determina una constitución dual de la palabra o λόγος: el aspecto material o sonoro (φωνή) y el aspecto significativo o conceptual (σημεῖον). La visión aristotélica y el término señalado no sólo permiten vislumbrar una anticipación a posteriores teorías vinculadas al signo lingüístico, que asocian un componente significativo a la cadena sonora, sino también definir una referencia esencial propia (ἴδιον) del ser humano: la función de la palabra como instrumento perceptivo (αἴσθησιν) tanto en el orden práctico como en el intelectual o moral. La palabra así entendida - como producto de un proceso racional discursivo - es el factor constitutivo de la trama de significados que modelan un *mundus inteligibilis* a partir de los testimonios que provienen del *mundus sensibilis*. Este marco conceptual, por otra parte, luego aporta los lineamientos generales para la identificación de los elementos constitutivos de la metáfora y de su funcionamiento, que siempre opera entre la tensión generada por los datos sensibles y un nuevo orden expresivo en la dimensión significativa.

Así como Aristóteles ha establecido la cualidad exclusiva del ser humano, también demuestra que el lenguaje cumple distintas funciones de acuerdo con el ámbito en donde es utilizado, la intención del emisor y las condiciones del receptor³.

De modo general, puede considerarse que en la lógica el lenguaje se aboca a la determinación o búsqueda de la verdad, en la poética tiene cabida su dimensión creativa, que se concreta como recurso en la imitación o *mímesis* - contexto en donde encuentra su formulación una definición de "metáfora" - y en la retórica la actividad propia del lenguaje tiene una finalidad concreta: la persuasión.

---

² Hay que recordar que nuestro término "palabra" tiene tres equivalentes lingüísticos en griego determinados por su contexto de enunciación y su significación: λόγος alude específicamente a la palabra producto de la razón, ·»ma es la palabra en el contexto de la actividad retórica y œpoj es el término que significa la palabra propia de la recitación épica.

³ Conde, O., Juliá, V., (Comp.), "Las funciones del lenguaje en Aristóteles: lógica, retórica y poética," en *Los Antiguos Griegos y su Lengua*, Buenos Aires, Ed. Biblos, 2001.

Lenguaje y lógica

En su obra Cat. II, 1· 16s realiza una primera distinción en relación a los elementos componentes del lenguaje y la vinculación que puede existir entre ellos en el sintagma:

> Τῶν λεγομένων τὰ μέν κατὰ συμπλοκὴν λέγεται, τὰ δ' ἄνευ συμπλοκῆς. Τὰ μὲν οὖν κατὰ συμπλοκήν, οἷον ἄνϑρωπος τρέχει, ἄνϑρωπος νικᾷ· τὰ δ' ἄνευ συμπλοκῆς, οἷον ἄνϑρωπος, βοῦς, τρέχει, νικᾷ:

> De las cosas que se dicen, unas se dicen *en combinación*, otras *sin combinación*. En efecto, en combinación (se dice) el hombre corre, el hombre vence; sin combinación (se dice) hombre, buey, corre, vence.

Asimismo, afirma en dicha obra que la sustancia tiene sus propios accidentes y esa condición ontológica implica, desde la perspectiva lingüística, que el lenguaje debe reflejar en su capacidad de expresión tales accidentes.

Las categorías o accidentes, modos fundamentales del ser, deben tener armónicamente un correlato ontológico y lingüístico, pues todas las cosas que se dicen *sin combinación* están inevitablemente dentro de alguna de las diez categorías lógicas:

1) una *ousía* (hombre, casa)
2) una *cantidad* (un metro, dos cm.)
3) una *cualidad* (buena, cruel)
4) una *relación* (doble, medio)
5) un *dónde* (en el Campus)
6) un *cuándo* (ayer)
7) un *encontrarse* (sentado, acostado)
8) una *posesión* (estar armado)
9) una *acción* (cortar)
10) una *pasión* (ser cortado)

Las categorías lógicas se reflejan en componentes del lenguaje con los que el hombre describe de manera particular el mundo, una situación específica, un suceso pasado, etc. al aplicar o hacer uso del mismo como su facultad peculiar en la narración de múltiples experiencias. Dichas categorías mayoritariamente encuentran una equivalencia en las categorías gramaticales que desarrolla en otra de sus obras, la *Poética* (1456ᵇ 20-21 y ss.), en uno de los pasajes más notables en donde se analiza la estructura de la expresión lingüística en general. La clasificación de los nombres se efectúa allí desde el punto de vista gramatical y estilístico y su sesgo descriptivo presenta una amplitud y grado de detalle tal que por sí solo ha constituido un capítulo interesante en la historia de las teorías lingüísticas[4]. De esa parte de la *Poética*, dedicada a la "lexis" de la tragedia, se vinculan con la metáfora especialmente las concepciones de "nombre" y "verbo", cuyos correlatos en las categorías lógicas son comprobables con las de "ousía" y las de "cuándo", "acción" y "pasión" respectivamente. Precisamente, la metáfora aristotélica es una metáfora que afecta al "nombre" pero que activa plenamente su potencial en cuanto supera el nivel de una categoría lógico-gramatical al establecer un vínculo asociativo con otro término: es metáfora porque actúa κατὰ συμπλοκὴν, es decir, "en combinación" con otro término con el que guarda alguna relación para crear una nueva significación según se verá más adelante.

Lenguaje y poética

La vinculación entre lenguaje y poética está enmarcada en un concepto de mayor generalidad que el filósofo de Estagira ha establecido en relación a las ciencias poéticas, que hacen o producen objetos o instrumentos según reglas y conocimientos precisos. Sin embargo, entre aquellas distingue las que tienen una utilidad pragmática y las que recrean o reproducen algunos aspectos de la naturaleza con colores, sonidos o palabras y cuyos fines *"no coinciden con los de la mera utilidad pragmática"*[5]. Se trata de las bellas artes que analiza en la ya mencionada Poética. En realidad, el filósofo se limita a estudiar solamente la poesía y, más bien, sólo la poesía trágica y, secundariamente, la épica (en una parte de la obra, ya perdida, el autor habría estudiado también la comedia).

---

[4] Sinnot, Eduardo, (1998). *Acerca de la noción de phoné en Poética XX*, Stromata, L.IV, pág. 1-17.
[5] Reale, G., *Introducción a Aristóteles*, Barcelona, Herder, 1992, pág. 126 y ss.

La Poética

Obra compuesta en torno al año 334 a.c, es la más antigua teoría sistemática de la literatura que se conserva. La redacción del texto indica que no se trata de una obra hecha para la publicación, pues pertenece a las obras llamadas "acroamáticas" o "esotéricas", tal como el mismo Estagirita reconoce al aludir a asuntos que no considera que ameriten ser tratados en ella (Poét. 15, 1454ᵇ18). *εἴρηται δὲ περὶ αὐτῶν ἐν τοῖς ἐκδεδομένοις λόγοις ἱκανῶς*: *por otra parte, acerca de estos temas se ha hablado suficiente en los escritos publicados.*

El significado de los términos empleados por el filósofo en la denominación de la obra *Poética* -Περὶ ποιητικῆς- nos permite acercarnos al *contenido* de la misma pero también a la *forma de exposición y naturaleza* del mismo.

En efecto, para la expresión de la actividad humana como un hacer, la lengua griega posee tres términos básicos que tienen sus propios matices[6]. El "hacer creativo, poético" es un "hacer" en donde el aporte "creativo, compositivo" es una condición indispensable y no es fruto de una improvisación individual o de la inspiración de una divinidad sino que, todo lo contrario, se fundamenta en un saber reflexivo, una *tšcnh* (téchne). Este término - que acompañaba a la denominación de la obra en algunos testimonios conservados de la antigüedad - designa en el estagirita un tipo de saber específico que sustenta la *Poética* y que tiene sus particularidades: es un saber dotado de racionalidad y, por ende, metódico y transmisible. Puede, por lo tanto, adquirirse artificialmente y persigue un fin concebido universalmente con reglas fijas, que da por resultado un producto que tiene existencia propia. Estas consideraciones son pertinentes, pues la metáfora no estará ajena a esas determinaciones que la enmarcan, ya que, como recurso estilístico inmerso en la *"lexis"*, exigirá del poeta su aporte creativo original pero también su competencia artística y conceptual necesarias, producto de un saber adquirido que jerarquizará la misma.

---

[6] En efecto, ποιέω es el hacer en el que se enfatiza la capacidad creadora del obrar y aporta la raíz lingüística del término "poética/o", πράττω alude al resultado material de la acción y δράω al devenir de la acción u obrar.

El étimo y la definición de "metáfora" en la Poética (1457ᵇ 7-16), y sus tipos

Estas líneas teóricas medulares relacionadas con el lenguaje y la *Poética* son un acercamiento a la primera definición de "metáfora", cuya vertiente etimológica, que arroja luz para su comprensión, se explica a partir de sus componentes lingüísticos:
1) *Μετά* (metá) como prefijo significa:
   1.1: *con* (idea de comunidad o participación);
   1.2: *entre* (idea de mezcla o intermediación);
   1.3: *después* (idea de sucesión).

2) *Φόρα* (phóra) como componente primario, cuya raíz deriva del verbo φέρω, siempre concentra la idea de *movimiento, traslado, llevar de un lado o sitio a otro*.

La figura retórica por antonomasia así explicada en sus étimos asoma por vez primera en un pasaje de la *Poética* (1457ᵇ 7-16).

> Μεταφορὰ δέ ἐστιν ὀνόματος ἀλλοτρίου ἐπιφορὰ ἢ ἀπὸ τοῦ γένους ἐπὶ εἶδος ἢ ἀπὸ τοῦ εἴδους ἐπὶ τὸ γένος ἢ ἀπὸ τοῦ εἴδους ἐπὶ εἶδος ἢ κατὰ τὸ ἀνάλογον. Λέγω δὲ ἀπὸ γένους μὲν ἐπὶ εἶδος οἷον "νηῦς δέ μοι ἥδ᾽ ἕστηκεν" τὸ γὰρ ὁρμεῖν ἐστιν ἑστάναι τι. Ἀπ᾽ εἴδους δὲ ἐπὶ γένος "ἦ δὴ μυρί᾽ Ὀδυσσεὺς ἐσθλὰ ἔοργεν" τὸ γὰρ μυρίον πολύ ἐστιν, ᾧ νῦν ἀντὶ τοῦ πολλοῦ κέχρηται. Ἀπ᾽ εἴδους δὲ ἐπὶ εἶδος οἷον "χαλκῷ ἀπὸ ψυχὴν ἀρύσας" καὶ "τεμὼν ταναήκεϊ χαλκῷ"· ἐνταῦθα γὰρ τὸ μὲν ἀρύσαι ταμεῖν, τὸ δὲ ταμεῖν ἀρύσαι ἄμφω γὰρ ἀφελεῖν τί ἐστιν. Τὸ δὲ ἀνάλογον λέγω, ὅταν ὁμοίως ἔχῃ τὸ δεύτερον πρὸς τὸ πρῶτον καὶ τὸ τέταρτον πρὸς τὸ τρίτον· ἐρεῖ γὰρ ἀντὶ τοῦ δευτέρου τὸ τέταρτον ἢ ἀντὶ τοῦ τετάρτου τὸ δεύτερον:

> *la metáfora es el traslado del nombre de una cosa distinta*, o del género a la especie o de la especie al género o de una especie a otra especie o por analogía. Ejemplo [de traslado] del género a la especie es: "Mi nave está detenida", pues "estar anclado" es una forma de "estar detenido". De la especie al género: "Por cierto, Odiseo realizó innumerables acciones nobles"

pues "innumerables" es mucho, y se lo ha empleado en lugar de "mucho". De la especie a la especie: "Tras sacarle la vida con el bronce" y "Tras cortar con el sólido bronce", pues allí se ha llamado "sacar" a "cortar", y a "sacar", "cortar", y uno y otro son una forma de "quitar". Entiendo por analogía el caso en que el segundo [término] se relaciona con el primero como el cuarto con el tercero; pues [el poeta] dirá, en lugar del segundo, el cuarto, y, en lugar del cuarto, el segundo[7];

Un análisis de esta definición pone de manifiesto que la visión aristotélica de metáfora tiene como punto de partida el "nombre", que ya había definido a partir de sus elementos constitutivos en otro pasaje (Poét. 1457ª 10-11). ὄνομα δέ ἐστι φωνὴ συνθετὴ σημαντικὴ ἄνευ χρόνου ἧς μέρος οὐδέν ἐστι καθ᾿ αὐτὸ σημαντικόν: *el nombre es una voz dotada de significado sin tiempo, ninguna de cuyas partes es significativa de por sí*. Junto al componente significativo ya señalado, en De int. II, 16'19-29, reconoce también otra característica esencial del signo lingüístico: su naturaleza *convencional* (κατὰ συνθήκην), con lo que así anticipa las líneas generales de la teoría moderna del signo lingüístico y se coloca en la línea de los pensadores convencionalistas presentados en el *Crátilo*.

Dichas particularidades del nombre - la condición de voz *significativa y convencional* - es el punto de partida para explicar la *traslación* de la significación de los nombres, aspecto medular del mecanismo metafórico, y también fija la naturaleza de la metáfora a un segmento del discurso - el nombre - que la vincula tanto a la poética como a la retórica.

A juicio de Ricoeur[8], de la definición aristotélica de metáfora desarrollada se puede desprender que:

1°) La metáfora es *algo que afecta al nombre*, lo que le da a la historia de la poética y de la retórica una orientación que durará varios siglos hasta reconfigurarse en la actualidad.

2°) La metáfora se define en términos de *movimiento*, pues la epífora del nombre desplaza algo de un sentido <a> hacia un sentido <b>. Sin embargo, este desplazamiento es de carácter transitorio, es

---

[7] Aristóteles, (2004). *Poética*. Buenos Aires, Colihue Clásica.
[8] Ricoeur, P. (2001). *La Metáfora viva*, Madrid, Trotta, pág. 25 y ss.

un "préstamo", en el que el nuevo sentido del término se opone a su sentido propio para llenar un vacío semántico. La metáfora, entonces, incluye no sólo *la* palabra aislada o el nombre aislado, cuyo sentido es desplazado, sino también *la dualidad* de términos o de relaciones entre los que actúa la transposición sobre el fondo de un lenguaje ya constituido.

3°) La metáfora es la *transposición de un nombre* que Aristóteles llama *extraño* (ἀλλοτρίος), en el sentido de "que designa otra cosa". Está presente en la definición de metáfora la idea de *desviación* que relaciona el uso metafórico con la utilización de términos raros, poéticos, o rebuscados que van contra el uso corriente de los mismos para *sustituir* a otros, pero no con un carácter definitivo (aunque puede luego una metáfora estabilizarse en el sistema o *lexicalizarse*) sino en carácter de *préstamo*. La metáfora, entonces, llena una laguna semántica que incluye una idea de *desviación* (de lo común), de *sustitución* (de algo ausente pero disponible en el sistema) y de *préstamo* (de otro campo).

4°) La metáfora, en los términos finales de la definición, queda ligada a una *tipología* determinada por un orden ya constituido por géneros y especies y por un juego de relaciones establecido (subordinación, coordinación, proporcionalidad o igualdad de relaciones) en el que aquella consiste precisamente en una alteración de ese orden.

Lenguaje y retórica

Luego de exponer en el binomio lenguaje y poética las consecuencias derivadas de la definición de metáfora, también es necesario un espacio de consideración para el análisis del lenguaje desde otra perspectiva: el poder persuasivo del discurso para el alma humana y el nuevo rol que adquiere la metáfora en la retórica.

Durante su segunda estadía en Atenas (c. 329/323 a.c), Aristóteles escribe su ʿΗ ʿΡητορική· *La Retórica*, cuyo comienzo es tan sintético como contundente (Ret. 1354ª1-4). ʿΗ ῥητορική ἐστιν ἀντίστροφος τῇ διαλεκτικῇ: la retórica es paralela a la *dialéctica*[9]. Con estas palabras, Aristóteles inicia el tratado que le da el nombre a esta disciplina, y la analogía con la dialéctica estriba en que ambas tratan de asuntos que son

---

[9]   Aristóteles, *El arte de la Retórica*. Buenos Aires, Eudeba, 2005.

de conocimiento de todos los hombres; ambas no son ciencia de nada particular, sino que más bien son δυνάμεις τινὲς τοῦ πορίσαι λόγους (Ret. 1356ª33), es decir, *ciertas facultades de preparar argumentos.*

Pero, en el caso de la Retórica específicamente, el acento está puesto en producir un efecto en particular en el auditorio (Ret. III, 2,1404b 2-3). σαφῆ εἶναι σημεῖον γάρ τι ὁ λόγος ὤν, ἐὰν μὴ δηλοῖ οὐ ποιήσει τὸ ἑαυτοῦ ἔργον: *es, pues, algo manifiesto que, teniendo* el discurso algún significado, *si no lo mostrare, no llevaría a cabo su* efecto. Y este efecto o ἔργον que debe producir el lenguaje retórico es la *persuasión.*

A partir de ese efecto buscado, Aristóteles reconoce tres tipos de medios de persuasión que originan los tres libros en los que se divide la *Retórica*:

a) El primero está centrado en el emisor y en lo que éste debe saber sobre los tres géneros principales (deliberativo, demostrativo y judicial).

b) El segundo, centrado en el receptor, considera las diversas formas de pruebas existentes, las subjetivas, morales y lógicas y sus efectos en el alma del receptor mismo.

c) El tercero aborda el discurso en sus diferentes aspectos: la elocución, el estilo y la metáfora; sus diferentes partes, como la narración, la demostración y la interrogación que puede hallarse inserta en el discurso.

En el capítulo II de este último libro, referido a las cualidades de la elocución o *"léxis"*, hace su aparición la metáfora (para cuyo tratamiento más específico remite él filósofo mismo a la *Poética*) como figura retórica a la que hay que apelar con una frecuencia mayor en estos discursos que en la poesía, pues ésta tiene otros recursos estéticos a los que puede apelar.

Sobre ella afirma: καὶ τὸ σαφὲς καὶ τὸ ἡδὺ καὶ τὸ ξενικὸν ἔχει μάλιστα ἡ μεταφορά, καὶ λαβεῖν οὐκ ἔστιν αὐτὴν παρ' ἄλλου. Δεῖ δὲ καὶ τὰ ἐπίθετα καὶ τὰς μεταφορὰς ἁρμοττούσας λέγειν (Ret. III, 2,1405a 2). la metáfora posee sobre todo claridad, lo agradable y lo novedoso, *y no es posible tomarla de otra parte. Hay que emplear los epítetos y* las metáforas adecuadas.

El lenguaje retórico reúne ciertas condiciones elocutivas como el lenguaje poético pero en otra escala, pues, la claridad, la amenidad y la novedad surgen a partir vocablos de uso corriente que se orientan básicamente a la demostración y a la persuasión, más que a la creación de un efecto estético preponderante. Acentuar en demasía esas características expresivas en el discurso retórico pone en riesgo esas orientaciones básicas al distraer la atención del oyente en la decodificación del mensaje.

En la *Retórica* se alude a la metáfora como recurso expresivo que sirve como *ornatus* (efecto de realce expresivo por medio de la palabra) y que es un elemento propio de la elocutio.

Según Aristóteles, la metáfora, el ritmo y la composición le confieren al discurso elegancia y expresividad. Pero sobresale la metáfora, al poner en contacto o establecer semejanzas entre objetos lejanos entre sí; en eso mismo estriba su valor instructivo, y en eso radica también la superioridad sobre la comparación, ya que es más densa, más breve y más sorpresiva, cualidades todas que se aúnan para sorprender al oyente y proporcionarle una instrucción rápida.

En relación a la fuente de inspiración o punto de partida de elaboración de metáforas afirma más adelante lo siguiente (Ret. III, 2,1405b). *Τὰς δὲ μεταφορὰς ἐντεῦθεν οἰστέον, ἀπὸ καλῶν ἢ τῇ φωνῇ ἢ τῇ δυνάμει ἢ τῇ ὄψει ἢ ἄλλῃ τινὶ αἰσθήσει. Διαφέρει δ᾽ εἰπεῖν, οἷον ῥοδοδάκτυλος ἠὼς μᾶλλον ἢ φοινικοδάκτυλος, ἢ ἔτι φαυλότερον ἐρυθροδάκτυλος*: *Por consiguiente, hay que tomar las metáforas de aquí, a saber*, de lo bello, *ya sea por el sonido o por la fuerza de expresión, ya sea con respecto a la vista o a otro de los sentidos. Pues es distinto decir, por ejemplo, aurora de rosados dedos, más bien que de purpúreos dedos, o bien, lo que estaría peor aún, de rojos dedos.*

Según nuestro filósofo, la habilidad para elaborar metáforas y para dotar de ritmo al discurso es facultad común al rhetor y al poietés: es la intersección en la que convergen la poética y la retórica. Es, además, un indicio de dones naturales, pues construir bien las metáforas es percibir bien las semejanzas. (Poet., 1459 a 4-8).

Si relacionamos los dos tópicos tratados hasta ahora, se puede inferir que, tal como la retórica, la poética no puede analizarse según lo verdadero o lo falso (propio de la dialéctica), sino que hace depender la perfección de una obra de los efectos producidos sobre el público: todas las energías se orientan a persuadir al oyente. Por su parte, difiere la poética de la retórica por cuanto no trata de un suceso del mundo real, de acontecimientos que se eslabonan en la vida cotidiana de un individuo, sino de una fábula o tema (*μῦθος*). Por eso, el *rhetor* reconstruye una realidad que presenta sus fallas mediante sus razonamientos y el *poietés* elabora una historia que se parezca a una realidad ficticia ya conocida por el público. Para esa tarea, debe cuidar su semejanza con la historia original y con el recuerdo que el público pueda tener de aquella historia. Aquí es donde cobra importancia el concepto de *mimesis* - μίμεσις (técnica de reproducción imitativa-creativa) - de acciones o conductas más que de hombres, que debe ser lo más universal posible. Y lo universal debe ser entendido como verosímil o necesario; en tanto se cumpla este objetivo, el artista logra que su público experimente el placer del que mira o escucha, en tanto que el *rhetor*, el efecto buscado, está en el orden de la decisión luego de que su espíritu haya quedado atrapado por la persuasión.

Mientras el *rhetor* pretende imponer un plan fijo sobre un suceso de la realidad cambiante, el *poietés* establece variaciones sobre una materia fija, ya sea la tradición o el mito mismo: τοὺς μὲν οὖν παρειλημμένους μύθους λύειν οὐκ ἔστιν, λέγω δ' οἷον τὴν Κλυταιμήστραν ἀποθανοῦσαν ὑπὸ τοῦ Ὀρέστου καὶ τὴν Ἐριφύλην ὑπὸ τοῦ Ἀλκμέωνος, αὐτὸν δ' εὑρίσκειν δεῖ καὶ τοῖς παραδεδομένοις χρῆσθαι καλῶς. (Poét. 14, 1453b22-25). *Ahora bien, no es posible modificar los mitos tradicionales; digo, por ejemplo, que Clitemnestra debe ser muerta por Orestes y Erifila por Alcmeón. Es necesario que él (el poietés) busque* los <mitos> tradicionales *y bellamente haga uso de ellos.*

En este plano se despega de la palabra individual y, por intervención de la mímesis, la metáfora se eleva a un objetivo global (v. g. Edipo Rey como metáfora de la vida humana sujeta o expuesta al error) como tropo que afecta a una situación existencial.

En este sentido, la metáfora sustituye, a través de una conducta ejemplar individual (Edipo, por ejemplo), la multiplicidad de la experiencia humana pero también es creativa, es ποίησις, por cuanto inaugura un caudal de elementos formativos y educativos que traspasan y van más allá del mismo μῦθος.

La metáfora en la antigüedad: Roma

El desarrollo del fenómeno "metafórico" en Roma

Entre los romanos, la metáfora mantiene su condición de recurso estilístico que involucra a la *elocutio*, y forma parte de las figuras retóricas en general aunque con un lugar sobresaliente reconocido por los principales tratadistas del género oratorio, Quintiliano (Calahorra, c. 35 - Roma, c. 120 d.c), quien se preocupa especialmente por el desarrollo teórico de los diversos aspectos de la retórica. En lo concerniente a la elocutio, dice lo siguiente (Ins. Or. VIII, 6,1). *Tropos est verbi vel sermonis a propria significatione in aliam cum virtute mutatio: un tropo (una figura) es el cambio de una palabra o de un discurso de su propio sentido a otro con propiedad.*

En esta definición, de amplio espectro, encuentra su punto de inserción la metáfora, a quien el estudioso de Calahorra describe de la siguiente manera (Ins. Or. VIII, 6,14 y ss.). *Incipiamus igitur ab eo qui cum frequentissimus est tum longe pulcherrimus, translatione dico, quae* metafor£ Graece vocatur: *comencemos, por consiguiente, por aquel que no sólo es muy frecuente sino también muy hermoso, al que denomino "traslación" que en griego se denomina metáfora.*

De la misma manera, también se explaya en lo que puede considerarse el mecanismo metafórico, al afirmar que dicho procedimiento es el siguiente (Ins. Or. VIII, 6, 5 y ss.). *Transfertur ergo nomen aut verbum ex eo loco in quo proprium est in eum in quo aut proprium deest aut translatum proprio melius est. Id facimus aut quia necesse est aut quia significantius est aut, ut dixi, quia decentius. Ubi nihil horum praestabit quod transferetur, improprium erit: en consecuencia, se traslada un nombre o una expresión de un lugar que le es propio a otro en donde carece de propiedad o al ser trasladado es mejor. Procedemos así porque o bien porque es necesario o bien porque es más significativo o, como ya dije, es más apropiado. Cuando lo que se traslada no tiene ninguna de esas condiciones previas, será inapropiado.*

Pueden observarse en estos testimonios las variables que activan el proceso de producción metafórica: más allá del proceso de *desplazamiento o traslación* de sentido con el que se opera - en consonancia con la visión aristotélica - aquí la metáfora involucra tanto a un término aislado -*nomen*- como a una expresión completa o sintagma -*verbum*- y las bases operantes de tal transformación son la *necesidad*, la *significatividad* y la propiedad de los términos de la metáfora involucrados.

Más adelante, continúa el desarrollo de la metáfora haciendo un parangón con la comparación y las condiciones de enunciación en el sintagma que permiten distinguir a una de la otra (Ins. Or. VIII, 6, 8, 5 y ss.). *In totum autem metaphora brevior est similitudo, eoque distat quod illa comparatur rei quam volumus exprimere, haec pro ipsa re dicitur. Compa-*

33

ratio est cum dico fecisse quid hominem 'ut leonem', translatio cum dico de homine 'leo est': no obstante, en un [sentido] pleno, la metáfora es una comparación más breve, y por este motivo está distante lo que se compara con ella tanto como lo queremos expresar, pues ésta [la comparación] se dice que está en lugar del objeto mismo. Una comparación es cuando expreso que un hombre ha actuado *"como un león"*; una metáfora cuando afirmo sobre un hombre *"es un león"*.

Por último, aparece otra consideración, ya que la factibilidad de la creación de una metáfora está sujeta a la inexistencia de otra alternativa expresiva al alcance del hablante o escritor o bien, ante la necesidad de lograr la mayor expresividad posible agotando las posibilidades semánticas (Ins. Or. VIII, 6, 18, 4 y ss.). *Metaphora enim aut vacantem locum occupare debet aut, si in alienum venit, plus valere eo quod expellit: la metáfora, pues, debe ocupar un espacio vacío o, si se emplea en uno que no le es propio, [debe] tener más valor que lo que ella expresa.*

En este punto, Quintiliano agrega un carácter normativo en la formulación de metáforas al condicionar su creación a la existencia de un vacío o laguna semántica en el sistema lingüístico o bien a la originalidad de la metáfora que marca una supremacía sobre término corriente. Ahora bien, este punto de contacto con el criterio aristotélico incorpora una novedad llamativa que es el desplazamiento del poietés o del rhetor del monopolio generador de este recurso estilístico y de su correcto empleo. En efecto, el retórico latino afirma que la metáfora puede ser usada inclusive por los *"indocti"*, es decir, los que carecen de instrucción, con la finalidad de otorgar claridad y embellecimiento a su expresión al cambiar el sentido de un término.

De esta manera, también la metáfora aparece como un medio para superar la *indigencia* del lenguaje en el hombre común de modo paralelo a su naturaleza original de recurso habitual e indispensable del *ornatus* (embellecimiento) del discurso retórico, y responde a la pretensión humana permanente de incorporar el efecto estético en casi todas las manifestaciones de la vida.

Finalmente, la retórica latina coincide con la teoría griega de la metáfora en que ambas consideran que como tropo (figura retórica) indica un giro o cambio (idea que se desprende de la raíz <*fora*>) de la flecha semántica indicadora de un cuerpo léxico, al apartarse del contenido léxico originario hacia *otro* contenido léxico (idea que se desprende del prefijo <*metá*>). La perspectiva que se pone de relieve es, en consecuencia, el componente principal del sistema lingüístico - el nombre - a la luz de sus *posibilidades estéticas* o *expresivas*.

En resumen, si revisamos las consideraciones vertidas por el estagirita y por el retórico latino, se puede elaborar un cuadro que sintetiza los puntos conceptuales más destacados:

METÁFORA		
Nivel metafórico	ARISTÓTELES	QUINTILIANO
Plano del discurso involucrado	*Léxis* (sucesión de nombres)	a) Elocutio (nomen) b) El discurso (verbum)
Tipos identificados	a) del género a la especie b) de la especie al género c) de la especie a la especie d) por *analogía*	a) *Compa-ración abre-viada*
Condiciones de formulación	a) Claridad b) Agrado c) Novedad	a) por necesidad b) por significación
Fuentes de formulación	a) lo *bello* por: a.1: Sonido a.2: Fuerza de expresión a.3: por los sentidos	a) Una ausencia semántica b) Mayor expresividad

En ambos autores el plano de formulación metafórica principalmente es *desde* la palabra y *hacia* la palabra (Ônoma = onómato o *nomen*), tomando como supuesto un plano de dinamismo semántico que posibilita y fundamenta la búsqueda de un efecto estético, o bien de completar un vacío semántico.

35

EL FENÓMENO DE LA TRANSDUCCIÓN EN LA MATEMÁTICA: METÁFORAS, ANALOGÍAS Y COGNICIÓN

Sandra Visokolskis

Introducción

La historia ubica a la metáfora en general, y a la analogía en particular, al menos ya desde sus inicios narrativos griegos, entre otras variantes, como una transferencia o un traslado:

* de un lugar a otro (según su significación etimológica en el griego antiguo usual; también en Aristóteles, *Poética*, XXI, 1457b6-33, *Física*, 209b 29 y 212b 29),
* de significados entre nombres (Platón, *Teeteto*, 180), o
* de derechos o relaciones (Aristóteles, *Política*, 1262b 25 y 28).

En todos estos casos, esta transferencia confiere un carácter peculiar añadido al lenguaje literal, y una pregunta fundamental que uno puede formularse es cuál es su potencial cognitivo. Si efectivamente se admite que posee en alguna medida tal capacidad, será necesario establecer qué características describen estos procesos de extrapolación.

El interrogante recién planteado está sustentado por una larga y compleja disputa entre Dialéctica y Retórica, que ubica al primer polo disciplinar mencionado como portador de la verdad y al segundo polo como representante de la persuasión, carente en general de contenido veritativo[1]. Así queda determinado el camino positivo de los discursos lógicos versus la ruta negativa que encabeza la actividad metafórica. Esta tendencia descalificante, tiene sus matices y contrasentidos históricamente, los cuales se hacen evidentes sin ir más lejos en los textos mismos de Aristóteles, donde se plasma esta perspectiva desprestigiada, y donde también hay rasgos positivos.

En efecto, según Aristóteles, la metáfora "pone ante los ojos", hace evidente un juego de relaciones, un patrón que generalmente escapa a la elucidación deductiva inmediata, permitiendo de una manera alternativa llegar a afirmaciones que aunque no necesariamente concluyentes, serían eventualmente sugerentes en el contexto de descubrimiento y en la comprensión de significados. Es así que las metáforas proporcionarían sendos elementos cognitivos en apariencia contradictorios.

Es importante destacar que Aristóteles no se permitió entrever una aplicación de la metáfora más allá del campo literario, y que repudió explícitamente su uso en el razonamiento, en especial y sobre todo en instancias de la definición (cfr. APo 97b 37), aunque cabe también observar que hay suficientes textos donde dicho filósofo aplica de hecho este recurso - considerado habitualmente sólo estilístico - como elemento de apoyo y hasta de prueba informal en caso de no contar con silogismos apodícticos. Así y todo, no es general que se expida al respecto explícitamente, atribuyéndole el reconocimiento que supuestamente debería merecer desde el punto de vista teórico, si dicho pensador respetara cierta coherencia entre teoría y práctica. Podría decirse sin ánimo de desmerecer su gran obra, sino más bien de lamentar, que Aristóteles manifiesta una actitud esquizofrénica en el caso de la demarcación entre uso y mención de figuras retóricas para fines heurísticos y aún demostrativos. Claramente, el requisito de certeza de todo argumento concluyente ya está instalado en sus aspiraciones teóricas. Es por ello entendible la actitud prudente de dicho filósofo al advertir cierto cuidado en argumentar mediante metáforas y analogías.

---

[1] Cabe aclarar que si bien en Aristóteles la dialéctica se ocupa de los razonamientos con premisas probables y por ende no aspira en ella a la verdad sino sólo a la verosimilitud, y en cambio su concepción lógica está concentrada en silogismos con premisas verdaderas, en autores posteriores, en general, lógica y dialéctica irán de la mano, a su vez enfrentadas a la argumentación retórica, acentuando así la demarcación favorable sólo para el primer polo.

Situándonos ahora en la actualidad, y en particular en el ámbito de la matemática, disciplina específica en que se concentra este trabajo -sin por ello caer en pérdida de generalidad, a pesar de que en realidad se aspira a una aplicación un tanto más amplia-, es posible rastrear en los procesos de cognición, elementos no necesariamente deductivos que caracterizarán la naturaleza transferencial de los primeros, lo cual intentaremos defender y explicitar sucintamente.

Esto quiere decir, entre otras cosas, que los mecanismos no deductivos mencionados requieren para su implementación de elementos externos a ellos, los cuales extrañamente generan recursos fructíferos que caracterizan etapas distinguibles no automáticas, orientadas a la producción matemática.

Al respecto conviene notar que aún en los casos en los que creemos hacer una inducción apresurada, en realidad hay allí implícito un proceso regido por ciertos pasos más o menos precisos, los cuales dan la apariencia de no controlados del todo, momentos caracterizados usualmente como sorpresivos, azarosos, ráfagas o destellos instantáneos de adivinación, o bien golpes arbitrarios de iluminación frente al problema, o también intuiciones repentinas y precipitadas u otras alternativas internas y secretas aún para uno mismo.

Sin embargo, sostendré que en general esto no es así. En efecto, será posible aportar una serie de procedimientos implícitos aunque no mecánicos ni tampoco absolutos. En este sentido, tampoco sostendré la tesis extrema opuesta de la predeterminación total e innata del conocimiento, sino que intentaré analizar el aspecto "lógico" que hay en el denominado usualmente EFECTO INSTANTÁNEO EUREKA de descubrimiento, en un sentido amplio del uso del término "lógica".

A la caracterización general de toda esta serie de procedimientos no deductivos la rotularé mediante la expresión "*transducción*", y con ello englobaré tanto a la analogía como a los procesos de metaforización, así como otros elementos que presentaré y que supuestamente intervienen en la búsqueda no automática y no deductiva de soluciones de una situación problemática dada.

A estos fines cabe aclarar que, ciertamente, el caso más sencillo[2] de resolución de un problema lo constituye el proceso directo y, por

---

[2] El sentido del término "sencillez" no hace alusión al grado de dificultad con el que se consigue una prueba deductiva, que ciertamente no siempre es accesible, sino más bien a la claridad expositiva que presenta una deducción.

ello, automático de aplicación de reglas deductivas en los casos donde esto sea factible de realizar, pero lo que se intenta caracterizar aquí es la mayoría de las situaciones para las cuales esta vía directa, inmediata y mecánica, no es fácilmente alcanzable.

Más aún, descartando esta situación ideal recién planteada, se afirmará que toda otra alternativa a la vía directa mencionada ha de configurarse siguiendo la aplicación sostenida de algún mecanismo general del tipo que presentaremos a continuación.

Pero previo a ello, resta aclarar los supuestos subyacentes a la postura asumida. En efecto, propondré dos tesis relacionadas entre sí:

(T_1) Siguiendo a Black, Lakoff & Johnson, Ricoeur y otros, diremos que las metáforas y las analogías constituyen fenómenos inherentemente cognitivos. Más aún,

(T_2) Los procesos cognitivos no automáticos en matemática están basados intrínsecamente en metáforas, analogías, comparaciones o, en general, en *fenómenos transductivos*. Dicho de otra manera, el conocimiento matemático, si no es deductivo, es fundamentalmente transposicional.

La tesis T2 esconde un profundo apego a la tesis del romanticismo europeo del siglo XIX contra el racionalismo clásico imperante en el siglo XVIII, que luego fuera magistralmente retomada por Nietzsche en sus estudios sobre retórica, y que sintéticamente fueran presentados por Rousseau en su obra póstuma publicada en 1781 y titulada *Acerca de los Orígenes del Lenguaje*, que trata, entre otros temas, acerca de la ubicuidad y anterioridad de la metáfora en la generación o construcción de los lenguajes. Aunque debo aclarar que no comparto con Rousseau su afirmación de que el razonar es posterior y sobre todo *independiente* del lenguaje figurado, como mostraré más adelante. Más concretamente, sí sostengo con Rousseau que en los procesos metafóricos *no* se transponen sólo las palabras sino que también se transponen [con ellas] las ideas[3]. Dice: "de otra manera, el lenguaje figurado no significaría nada". Tesis que retomará Ricoeur a través de su erudita obra titulada *La Metáfora Viva*, aunque curiosamente no de manera abierta, ya que Ricoeur no cita nunca a Rousseau a lo largo de todo su texto.

Más aún, el meollo interesante de la obra de Ricoeur acerca de la metáfora radica en un cambio de perspectiva que llevará del énfa-

---

[3] Cfr. Rousseau, p. 19.

sis en la palabra como el centro de operatividad metafórico, al acento ahora en la frase. Al respecto Rousseau dice: "dieron en un comienzo a cada palabra el sentido de una proposición entera." Esta universalidad dentro de la palabra le atribuye a la misma un alto valor expresivo, "aunque designa imperfectamente las cualidades universalizables de lo significado", dice Starobinski, faceta que recupera Ricoeur al orientarse hacia las frases más que a las palabras, ya que la historia ha llevado a simplificar el alcance de las palabras, y ahora no abarcan todo lo que antes se valoraba en ellas. Ricoeur afirma que, en un intento por recuperar la expresividad, la frase ahora es la portadora de dicha universalidad.

Sin embargo, Starobinski observa que el giro respecto al alcance del significado de una palabra no es tan negativo a los fines conceptuales, desde el momento que el nuevo lenguaje griego posterior al primitivo figurado:

> es un instrumento de terrible precisión: inmediatamente designa al universal abstracto. En verdad debe aún progresar para satisfacer plenamente las exigencias de la lógica. Pero en lo sucesivo permite formular un número considerable de ideas generales. Vemos en esta forma las cualidades instrumentales prevalecer sobre los valores expresivos del lenguaje. La palabra no remite ya a la verdad del *sujeto*; al contrario, lo saca de sí mismo para destinarlo a la *impersonalidad del concepto*. En la escritura, que caracteriza a nuestras sociedades, la palabra no se confunde ya con la persona: el lenguaje se ha convertido en un producto ajeno, ha sido apartado del ser vivo. Simultáneamente, los hombres se han vuelto incapaces de experimentar verdaderas pasiones, y el lenguaje ha perdido el poder de expresarlas[4].

De este modo, si bien se pierde la capacidad de expresividad *personal*, se gana en descriptibilidad *teórica*. Así y todo, no es enteramente reconocida la faceta cognitiva que presenta la metáfora. Es en

---

[4] Cfr. Starobinski, pp. 43--44.

el ámbito de la filosofía del lenguaje y de la ciencia que emergen posiciones involucradas con el papel creativo o inventivo de este tipo de recurso estilístico, entre las cuales se destacan, entre muchos otras, la perspectiva interaccionista de Max Black, la intervención de modelos en la construcción de teorías científicas nuevas propuestas por Mary Hesse y la filtración ubicua del fenómeno metafórico a todo nivel de la vida cotidiana presentado por Lakoff y Johnson.

En el caso específico de la Matemática, ha mostrado tener un perfil bien delimitado, desde sus inicios griegos, como la actividad poseedora de un método riguroso, efectivo, exacto y preciso que arroja resultados concluyentes: el método demostrativo-deductivo axiomático. En este contexto, su método y sus objetos perfecta y literalmente definidos no tienen ninguna conexión "evidente" con las metáforas y las analogías.

Sin embargo, desde la práctica matemática se ha puesto en duda tal caracterización rígida de la disciplina mencionada. La historia ha mostrado diversos modos en que los matemáticos han operado metafórica y analógicamente en ausencia de pruebas más rigurosas para fundamentar al menos parcial y momentáneamente sus decisiones metodológicas y sus descubrimientos de conceptos y construcciones de teorías.

También es cierto que la tendencia más frecuente en el desarrollo de la Matemática ha consistido en intentar eliminar del panorama disciplinar todo elemento metafórico y todo razonamiento analógico, con el objetivo de tender progresivamente hacia la conformación de nociones con significados cada vez más exactos y teorías cada vez más precisas. La matemática no hace más que perseguir analógicamente la metodología aristotélica al respecto.

Cualquiera sea el resultado obtenido, se intenta presentar y defender una perspectiva respecto de los procesos cognitivos en matemática, apoyada en una concepción propia de las metáforas y, como veremos, con ello también de las analogías, que presenta, entre otras, las características nombradas a continuación.

En primer lugar se verá, como hemos mencionado antes, que *la perspectiva propuesta supone al recurso metafórico y al analógico como portadores de un plus cognitivo agregado a los procesos inferenciales literales*, a diferencia de las conocidas teorías sustitutiva y comparativa de la metáfora, las cuales acuerdan en afirmar que los enunciados que las emplean exponen connotaciones sin denotación, dejando a las metáforas y a las analogías fuera de todo lenguaje informativo.

Ello será relevante en relación al caudal heurístico del conocimiento matemático a nivel de contexto de descubrimiento. Es en esta instancia teórica donde las estrategias discursivas mencionadas adquieren un rol destacado. Pero avanzaremos un paso más, al afirmar el efecto *constitutivo* que las metáforas y las analogías ejercen en los procesos cognitivos.

En segundo lugar, nuestra versión alternativa, si bien comparte con la teoría interactiva propuesta por Black el potencial cognitivo y respeta que hay interacción que se produce concomitantemente con la creación de similaridades, se aparta de la misma en su intento por mostrar que dicha interacción es más profunda y compleja y que abarca diversos niveles de análisis, los cuales serán discutidos en el texto.

A su vez, en tercer lugar, nuestra posición comparte con la teoría de Lakoff y Johnson que las metáforas subyacen al funcionamiento cotidiano humano en sus aspectos más vitales, pero la postura propuesta por dichos autores elude los detalles técnicos que eventualmente explicarían el fenómeno metafórico. Es nuestro objetivo proporcionar una especificación teórica de los mecanismos concretos involucrados en la constitución de metáforas y en la generación de inferencias analógicas, llegando de esa manera a dar sentido a la noción de creatividad en matemática.

Vayamos ahora al desarrollo de nuestra perspectiva, no sin antes indicar, que se compone de seis etapas sucesivas en el proceso creativo, sustentadas por sendos principios que gobiernan su caracterización, y de las cuales, en este trabajo sólo especificaremos tres estadios, aquellos inherentes a la problematización en torno a la metáfora y la analogía.

Etapa primera: Proceso de configuración o conformación del problema en cuestión

Partimos de la presencia del problema que se acarrea en la investigación, problema al cual designamos con la letra A.

Ahora bien, previo a detallar en qué consiste dicha configuración aclaremos cuál es el principio que rige tal conformación de A. Así, suponemos de antemano lo que daré en llamar el *principio de encauzamiento cognitivo*, que afirma que según cómo concibamos y categoricemos al problema inicial A a resolver, vamos a decidir el rumbo de la investigación, ya sea en el hallazgo del segundo dominio que llamaremos C, en el contexto de transferencia metafórica, como por ende las características de la similitud destacadas.

Todo lo cual indica que cabe la posibilidad de plantear el problema inicial A de muchas maneras distintas, y ello va a depender tanto del bagaje cognitivo previo del sujeto o sujetos que analizan la situación, como de sus circunstancias actuales al momento de llevar a cabo la investigación. La posterior riqueza del surgimiento de una metáfora que contribuya en este proceso depende en gran medida de las organizaciones cognitivas previas, de las selecciones que no podrán ser enteramente arbitrarias ni plenamente convencionales dado que hay un background o limitaciones y potencialidades internas, un historial previo guiando la búsqueda, y un entorno externo que pautan la fragmentación y organización de la situación inicial.

Esta diversidad de configuraciones posibles del problema A hace a la riqueza de los procesos creativos y a la variabilidad de elecciones del segundo dominio C, que posibilitará la emergencia de diversas metáforas. Cabe aclarar también que la manera de conceptualizar el contexto de partida A es parcial y primigenia y, por ello, éste no está dado estáticamente, fijado de antemano, sino que está en constante desarrollo, como un organismo vivo, dependiendo del tipo de análisis que elaboremos al comienzo del proceso de resolución del problema, y de las variaciones que ejecutemos en el camino.

La orientación cognitiva llevada a cabo sobre A conforma un todo explicativo parcial de dicha situación inicial, en donde la totalidad de datos objetivos que conforman a A no son lo central, sino que lo es la interpretación que hagamos de ellos. Y en esto seguimos a Gerald Holton, que insiste en "cómo un significado transmitido por datos objetivos depende de los *supuestos de partida*".

Así, la configuración del problema, el modo preliminar de visualización de la cuestión a resolver, constituye una especie de hipótesis rudimentaria, en estado latente, que guiará el curso de toda la investigación posterior. Y visualización es entendida en dos sentidos: mediante los ojos intelectuales, delimitando qué aparato teórico nos precede y gobierna, y también mediante los ojos sensibles, es decir "[según] *el modo como hemos aprendido a utilizar los ojos como herramientas de la imaginación*"⁵.

Así, el objetivo del primer paso de conformación de la cuestión A consiste básicamente en la *delimitación del campo de investigación*, es decir, en aislar cierto cuerpo de cuestiones no dispares ni inconsistentes, para configurar un problema específico aún cuando no necesariamente éste tenga límites precisos y concretos, sino vagos y confusos. Reconocer entonces en esta variedad de cuestiones menores un eje, una orientación, un patrón subyacente común, una perspectiva nucleadora que unifique relativamente los mismos y permitan decir que estamos frente a un específico problema. De todos modos y a pesar de su gran imprecisión, los seguiremos llamando A, aún cuando todavía sean borrosas sus fronteras.

Notemos al respecto que Aristóteles, en el libro I de su *Física*, afirma que, en efecto, es posible *dar nombre* a algo sin por ello tener en claro totalmente el alcance y las características propias de aquello definido. Será ésta, entonces, una etapa inmediata posterior, la de *definir* analizando sus instancias particulares. Así, *asignar un nombre* da un aire de generalidad aunque no informa inmediatamente acerca de sus características definitorias.

Entre otras cosas, esto quiere decir que no es automático producir una definición de A con precisión absoluta. Si ésta fuera siempre la situación, estaríamos frente al caso en el cual ya tendríamos todo solucionado. Es nuestro propósito entonces apuntar hacia la clarificación de situaciones problemáticas no automáticas, a fin de alcanzar su resolución. Seguimos en esto a Descartes, que en su *Discurso de Método* propone:

> … cuando no está en nuestro poder 'discernir' las opiniones más verdaderas, debemos seguir las más probables; e incluso aunque no notemos de ningún modo más probabilidad en unas que en otras, debemos sin embargo, determinarnos por algunas y después considerarlas, en cuanto se relacionan con la práctica, no como dudosas, sino como muy verdaderas y muy ciertas porque la razón que nos ha determinado a ello lo es⁶.

---

⁵ Cfr. Holton, p. 40.
⁶ Cfr. Descartes, AT, VI, 25--26.

En cuanto a la caracterización vaga del problema A fijado en cuestión, y a los fines de ilustrar el procedimiento asumido en esta etapa primera, podemos remitirnos por analogía a la búsqueda aristotélica de una definición del estudio de la naturaleza, encarado también al comienzo de su *Física*, tratando así el problema de los principios, causas y elementos que gobiernan la ciencia mencionada.

El principio metodológico empleado aquí por Aristóteles, que aplicamos en esta primera etapa del proceso transductivo, consiste en "estudiar los caracteres confusos y genéricos, por vía analítica, para hallar en ellos los que, evidentes y cognoscibles en sí mismos, constituyen los verdaderos principios generales". Con este objetivo en vista, Aristóteles propone sorpresivamente ir de lo general a lo particular, en contra de la imagen usual que tenemos de su posición, desarrollada en sus *Analíticos Posteriores*. Esta idea de Aristóteles de "ir del todo a las partes al principio", que ha confundido a ciertos comentadores que suelen argumentar que Aristóteles comienza el conocimiento por inducción y luego aplica deducción, implica que ya no se empezaría necesariamente siempre por los particulares, contrario a la tradición historiográfica Comentadores como Guthrie afirman que no hay error en Aristóteles, sino que, simplemente, hay que ver la cuestión desde otro ángulo. En efecto, Guthrie dice que la clave yace en que se interpreta mal la noción de totalidad o de universal o de general, y que en Aristóteles hay, entonces, varias acepciones del término totalidad.

En este sentido, notemos brevemente que el fenómeno del análisis entendido como *reducción regresiva* es un tipo de procedimiento aclaratorio y transductivo en la medida en que los enunciados correspondientes a la formulación original del problema A irán progresivamente reduciéndose a otros más precisos en la descripción del mismo, mediante un *refinamiento* de sus contenidos informacionales sobre A. Así, se entenderá la *retroducción* como una tarea consistente en una especie de traducción a enunciados pertenecientes a otra esfera cognitiva análoga a la original para la cual cabría eventualmente una explicación, y hasta es posible una solución de la cuestión a resolver en A. Esta nueva esfera cognitiva será evocada de manera metafórica a partir del análisis llevado a cabo en A, lo cual es motivo de la siguiente etapa transductiva.

Etapa segunda: La metaforización

Una vez que hemos establecido criterios mínimos para delimitar el problema a resolver A, la etapa siguiente consiste en la *evocación*, a partir de A, *de otro contexto* que ahora pasará a ser el dominio familiar y que llamaremos C, asignando al problema A inicial el papel del terreno desconocido y por conocer.

La característica inherente al dominio C conocido de antemano es que se vincula a A por *similaridad*. En efecto, el contexto C opera como *filtro* para que, a través de él, se visualice el dominio A, y este "a través de" quiere decir analizar a A desde las características que conforman y configuran a C. Esta tarea, que podemos llamar de *visualización diferida*, está basada en un *principio empático* desde donde se nos garantiza la posibilidad de conferir a A características que, en principio, no son observadas en A mismo, sino que son extraídas del contexto C y aplicadas a A.

En realidad se supone que A también posee dichas características, pero que no se hacen evidentes por sí solas hasta el momento, y entonces C opera como elemento evocador. El conocimiento previo del contexto familiar C permite "poner ante los ojos" del investigador (usando la metáfora aristotélica) propiedades de A que, por razones cualesquiera, no era posible reconocer hasta el momento de la evocación. Este proceso de visualización diferida, el ver a A *como si* fuera C, pone en juego la semejanza presente entre ambos dominios problemáticos, y supone por cierto un conjunto común de propiedades estructurales o funcionales que vinculan a A y a C.

La detección de tales características corresponde a una etapa posterior de elucidación en este proceso transductivo. En cambio, lo esencial de esta etapa es *la capacidad humana empática de evocación, que permite traer desde algún lugar de la memoria una situación similar a la problemática A*.

En este punto cabe la pregunta por la detección de los mecanismos internos biológicos que nos permiten realizar tal evocación, terreno en el cual no incursionaré en este trabajo. Pero sí conviene destacar un principio filosófico que, afirmaré, sustenta estos procesos de evocación. Lo llamaré *principio de Poincaré-Hadamard* en honor a los trabajos en torno a la creatividad y/o invención con los que ambos pensadores genuinamente contribuyeron en el campo de la investigación matemática. La clave de este principio está en desviar o distraer la atención que antes estaba focalizada en el dominio problemático A, y que ahora se desvía hacia otra dirección, la de C, para que luego *ilumine* a A, metafóricamente hablando.

Así como la primera etapa consistía en analizar a A todo lo más posible dadas las limitaciones del caso, con todo el bagaje disponible, ahora en esta etapa *se deja en reposo* tal actividad dirigida a A para permitir que fermenten las ideas, así como damos tiempo, en apariencia pasivo, a una masa para que leude. A este proceso, Hadamard lo llama *período de incubación* pero lo que no hace Hadamard es especificar la presencia de una conexión inter-áreas temáticas. Por ello, a tal período prefiero caracterizarlo como *el impase transpositivo o la suspensión deliberada del pensar unidireccionado*.

Este criterio o principio de la suspensión deliberada del pensar unívocamente direccionado hacia la resolución del problema A en cuestión, debe serlo tanto en contenidos cuanto en métodos. El cambio de foco de atención de A hacia otra cuestión cualquiera no especificada constituye una estrategia basada en la creencia de que el portador del problema debe dejar reposar sus pensamientos como la masa debe dejarse leudar sola, independiente de cualquier acción ejercida directamente por el sujeto que amasa.

Este estado de pasividad relativa y momentánea permite evolucionar las conexiones posibles despertando algunas relaciones inesperadas desde el punto de vista estrictamente racional, que suele aconsejar sólo vínculos en la propia disciplina y aplicando metodologías reconocidas oficialmente como adecuadas al tema en cuestión. Así, surge la posibilidad de la *emergencia de metáforas*, es decir, conexiones del problema en cuestión con áreas del saber que aparentemente no tienen puntos de contacto operativos con la situación original a resolver.

En este punto coincidimos con Gerald Holton al aplicar lo que él denomina "la imaginación temática", consistente en la práctica de dejar tranquilamente que los presupuestos del científico actúen durante un tiempo como guía de su propia investigación cuando todavía no hay pruebas suficientes de dichos presupuestos y en ocasiones incluso frente a la evidencia aparentemente contrapuesta. Holton la llama también "técnica de maduración", ya que en ocasiones los científicos dejan que su trabajo crezca al máximo y madure a partir de una idea improbable que ellos mismos se encargan de evitar que sea destruida a manos de la férrea racionalidad, haciendo, de paso, directa alusión crítica hacia Popper, partidario de "someter nuestros constructos racionales a un régimen curativo a base de purgas hasta encontrar algún defecto funesto incluso en la más atesorada de nuestras inspiraciones concretas. Debemos esforzarnos en falsearlas, es decir en refutarlas y por lo tanto en repudiarlas".

Propongo que esta técnica de maduración, como la llama Holton, debería complementarse con la estimulación de perseguir aquellas metáforas que emergen por dicha maduración y dejarse llevar por la imaginación, que en vez de llamarla *temática*, como hace Holton, sería llamada *imaginación transtemática*, puesto que requiere de la capacidad audaz de aceptar la búsqueda de conexiones en contextos donde las apariencias indican sólo la presencia de un juego nada más que motivador, aunque no productivo desde el punto de vista riguroso de la ciencia.

Este nivel de audacia está también bien descrito por el autor mencionado cuando dice: "debemos tener en cuenta el hecho curioso de que *hay* espíritus geniales que pueden arriesgarse a perseverar durante varios períodos sin contar con apoyo confirmativo alguno y sobrevivir hasta el momento de recoger sus premios". Pasemos ahora a la etapa relativa a las transposiciones analógicas.

Etapa de analogización

Este es el momento de la investigación en que debe explicitarse cómo es concretamente tal similitud entre A y C. Por ello, consiste en la detección de los aspectos, propiedades y relaciones que se destacan entre A y C, partiendo de la conjetura hecha previamente, acerca de "algo" que parece haber en común, algo que compartirían.

Captar la analogía entre ambos dominios consiste en poner en evidencia, explicitar cierta *función de transplante* que los conecte para luego retroproyectarla desde C hacia A y analizar qué sucede al "implantar" las propiedades halladas y destacadas de C, ahora en A.

Si tal implante transferencial "prende" (siguiendo con la metáfora médica), si se adapta al nuevo medio A, si se adecua, si funciona en este otro contexto, entonces sí ya podemos intentar un deslinde en A de las propiedades y relaciones que, primigeniamente, destacaba en la primera etapa de configuración inicial, y también podremos visualizar a A desde la perspectiva nueva del reciente conjunto de propiedades hallado, abordando así una nueva dirección de análisis que se independiza de la relación metafórica y de la inferencia analógica de donde surge, lo cual convergerá en una nueva caracterización del contexto original A.

Conclusión

La transductividad, el modo como he dado en llamar al fenómeno creativo no deductivo, consiste básicamente en acercar, conectar, y relacionar ámbitos muy distantes entre sí, al menos desde las expectativas disciplinares con las que estamos acostumbrados a operar. Sin embargo, a veces la naturaleza da saltos increíbles y permite conectar cuestiones en apariencia muy dispares.

Las siguientes palabras de Galileo ilustran de manera acabada lo anteriormente expuesto: "… Cuanto más lejos de la cosa que se pretende imitar estén los medios para imitarla, más admirable será la imitación."

Referencias bibliográficas

AGIS VILLAVERDE, M. (1995). *Del símbolo a la metáfora*, Santiago. de Compostela, Universidad de Santiago de Compostela, Servicio de Publicaciones.

ARISTÓTELES, (1985). *Poética*. Editor José Alsina Clotta, Barcelona: Ed. Bosch.

_____(1985). *Retórica*. Editor A. Tovar, 3º edición, Madrid: Centro de Estudios Constitucionales.

_____(1990). *Retórica*. Editor Q. Racionero, Madrid: Ed. Gredos.

_____(1992). *Poética*. Editor Valentín García Yebra, Madrid: Ed. Gredos.

_____(2004). *Poética*. Editor Eduardo Sinnott, Buenos Aires: Ed. Colihue Clásica.

BARTHES, R.(1974). *Investigaciones retóricas I: la antigua retórica*, Ed. Tiempo Contemporáneo.

BLACK, M.(1962). *Models and metaphors*, Ithaca: Cornall University Press.

HESSE, M.B.(1963). *Models and analogies in science*. Londres: Sheed and Ward.

HOLTON, G. (1992). La imaginación científica, en Preta (ed.) (1992). *Imágenes y metáforas de la ciencia*. Madrid: Alianza Editorial.

LAKOFF,G. & JOHNSON, M.(1980). *Metaphors we live by*. Chicago: The University of Chicago Press.

LAUSBERG, H. (1990). *Manual de retórica literaria*, Madrid: Ed. Gredos.

_____(1993).*Elementos de retórica literaria*, Madrid: Ed. Gredos.

MITCHELL, M.(1993). *Analogy-making as perception. A computer model*. Cambridge: The M.I.T. Press.

PERELMAN,Ch.& OLBRECHTS-TYTECA,L.(1994).*Tratado de argumentación: La nueva retórica*, Madrid: Ed. Gredos.

PRETA,L.(Ed.)(1992), *Imágenes y metáforas de la ciencia*, Madrid: Ed. Alianza.

RICOEUR,P.(1975). *La Metáfora Viva*. Madrid: Ed. Trotta.

ROUSSEAU, J.J. (1993). *Ensayo sobre el Origen de las Lenguas*. Traducción de R.Sierra Mejía, Colombia: Ed. Norma.

STAROBINSKI, J. (1993). *Rousseau y el Origen de las Lenguas*. Traducción de R.Sierra Mejía, Colombia: Ed. Norma.

Representaciones icónicas metafóricas en Charles Sanders Peirce

Sandra Visokolskis

Introducción

El presente trabajo se propone analizar la relación que es posible considerar entre la versión que Peirce establece acerca de la metáfora, su noción de abducción y el concepto de ícono, de cuño también peirceano.

Es bien sabido que Aristóteles fue el primero en aportar un tratamiento sistemático de la metáfora, en un marco donde ésta fue restringida al dominio de lo lingüístico, y a pesar de lo cual lo mismo alcanzó un tratamiento cognitivo. Pero luego, de la mano de los retóricos latinos - como fuera el caso de Cicerón y Quintiliano, entre otros, fue despojada de todo aporte epistemológico, más allá de una búsqueda de significación etimológica, visualizándola como un mero recurso estilístico, y contribuyendo así a la distinción ya clásica entre lenguaje literal y lenguaje figurado. Esta actitud relegó a la metáfora casi exclusivamente al ámbito de lo poético, y con ello, de lo no referencial.

Sin embargo, autores posteriores supieron desviar tal concepción acotada y desprestigiada acerca de los procesos cognitivos involucrados en la metaforización, y permitieron su infiltración y expansión hacia áreas temáticas más diversas, en particular, y de manera curiosa, en el campo científico. Así y todo, las teorías vigentes adolecen de severas críticas, generando una controversia centrada sobre todo en la noción de *semejanza* que Aristóteles había introducido y que paulatinamente fuera menoscabada, hasta ir perdiendo todo rastro de realismo implícito en la misma.

Mientras que Peirce no parece indagar en profundidad las características inherentes a los procesos metafóricos, sin embargo los ubica de manera muy coherente dentro de los tipos de representaciones icónicas que es posible categorizar a través de su teoría de signos.

Es propósito de este trabajo proponer y presentar una teoría *realista* de la metáfora alternativa a las ya conocidas, que insista en esta visión peirceana, la cual se dará en llamar *Teoría de la Complementariedad*, y que, a su vez, se espera mostrar los rasgos superadores a las críticas aquí expuestas.

A partir de esta versión alternativa, el trabajo se orienta metodológicamente a advertir y demostrar que nuestra propuesta presenta a los procesos metafóricos como un caso de inferencias abductivas, en el sentido peirceano, una consecuencia en principio no esperada, que autorizaría a vincular ícono, abducción y metaforización de una manera aparentemente insospechada.

Una distinción preliminar: La noción de ícono

Del conjunto total de conceptos semióticos que Peirce desarrolló, la noción de ícono es especialmente importante a la hora de caracterizar los procesos sustitucionales que encara la tarea sígnica, y más aún lo es en la interpretación de los lenguajes figurados, por contraposición con los de tipo literal.

Dado un objeto, un ícono para dicho objeto es aquel cuya relación con éste "es una mera comunidad de cierta cualidad"[1]. Pero así como hay un rasgo común que vincula signo con objeto, del mismo modo hay diferencias, lo que implica que el tipo de contacto entre el

---

[1] Cfr. (Sebeok, 1994, pp. 44--47), y su referencia al texto peirceano, titulado *On a New List of Categories*, de 1867.

representamen y el objeto es de *semejanza* y no de entera equivalencia o igualdad, y así es como Peirce lo entendió y por ello, en 1867, fue el primer nombre que él asignó al ícono[2]:

> una cosa cualquiera... es ícono de algo, en la medida en que es *semejante*[3] a esa cosa y es usada como signo de la misma.(CP, 2.247)

Así, lo central en un ícono es que comparte algo de sí con algo del objeto, y la clase de semejanza puede variar: se dan tres situaciones, ya sea que tengan en común una cualidad simple del objeto (y en ese caso es una *imagen* del mismo); ya sea que ciertas relaciones entre partes del objeto se asemejan a relaciones similares del ícono, convirtiéndose entonces en un *diagrama* del objeto en cuestión; ya sea, por último, que coincidan referentes o contenidos entre una expresión del objeto y una del ícono, a través de cierta semejanza, transformándose así el ícono en una *metáfora* del objeto en juego.

Veremos que no sólo entabla una relación de semejanza con el objeto sino que, además, permitirá eventualmente extraer consecuencias imprevisibles a primera vista por la simple inspección de esta similitud encontrada entre el objeto y su ícono. Pero tal propósito ampliatorio se manifiesta a través del establecimiento de una distinción preliminar subyacente en textos peirceanos, que pondrá en evidencia ciertos aspectos estáticos, contraponiéndose con la perspectiva dinámica del proceso sígnico. Así, la comprensión de esta noción clave requiere considerar, para su interpretación cabal, la siguiente delimitación que servirá de base para el análisis posterior del concepto de metáfora. Diferenciaremos entre "un signo que es un ícono" y la noción peirceana de "signo icónico".

En efecto, al designar a un representamen con el rótulo de "ícono" estamos enfatizando su carácter peculiar estático de cualidad o primeridad, atribuible eventualmente a objetos. En este sentido, un ícono es considerado tal como es, sin referencia a ninguna otra cosa e independiente de cualquier realización existencial, dado que es una pura posibilidad antes de estar manifestada en objeto alguno.

---

[2] Cfr. (Sebeok, 1994, p.44).
[3] Las cursivas son mías.

Ahora bien, un ícono para un objeto es representado de esta manera estática en la medida que pone en evidencia los aspectos estructurales y/o funcionales inherentes del objeto en cuestión, y que constituyen su naturaleza intrínseca. En cambio, percibir a un objeto como ícono implica conferirle cierta dinamicidad, producto del otorgamiento de una investidura o ropaje intelectual atribuido por semejanza con el objeto en cuestión. Un signo puede ser icónico si representa a su objeto principalmente por su similitud, sin importar su tipo de ser, posible o real. (Cfr. CP 2.276). Y esta representación es consecuencia de asociarle una idea en el sentido de una posibilidad, mostrando así una dependencia relacional con dicho objeto que, eventualmente, puede ser dejada de lado y sustituida por otra interpretación de dicho representamen.

Cuando decimos que un determinado signo en relación con un objeto dado es "icónico", planteamos que el mismo rescata del objeto ciertas características que coinciden en forma con las que posee dicho representamen. Del mismo modo podemos decir que el signo será *indicio* si captura del objeto una relación existencial compartida por ambos, y será *simbólico* si se concentra en los aspectos convencionales, habituales o legaliformes de dicho objeto. Así que un signo sea icónico para un objeto dado, quiere decir que alberga una forma, estructura, cualidad o posibilidad que es idéntica con la forma exhibida, presente o encarnada en el objeto al que representa. Visto así el signo, es más dinámico en tanto que opera funcionalmente de distintas maneras según la faceta que queramos destacar de dicho objeto. A este respecto, es interesante observar el paralelismo que Beuchot expresa (Beuchot, 2004) entre la tríada formada por ícono, índice y símbolo, y la terna compuesta por analogía, univocidad y equivocidad respectivamente[4]. Más concretamente, plantea que el ícono se da cuando el signo tiene cierta semejanza con su objeto y que esta similitud es analógica, mientras que el índice se da cuando el signo es idéntico a su objeto, es decir, cuando es unívoco a él. Por último, el símbolo se da cuando el representamen se relaciona con su objeto de manera totalmente arbitraria y en ese caso es equívoco respecto de él. De este modo, la univocidad, la equivocidad y la analogía se dan en la significación, y puesto que son maneras de significar, constituyen los tres tipos de signo.

---

[4] Cfr. (Beuchot, 2004, pp.79-80).

Por todo ello siguiendo a Beuchot en esta parte, insistimos sobre el aspecto dinámico que implica cierta evolución desde la *captación de una metáfora*, pasando por la *generación de hipótesis* que implican la postulación de *inferencias analógicas*, hasta llegar a una posible *abstracción* o *generalización* que permitirá emerger un *desarrollo conceptual*.

En suma, éstas serán las etapas que conllevará la producción cognitiva en caso de descartar generalizaciones inductivas o especializaciones deductivas, y orientarnos hacia la búsqueda de solución de la anomalía que surgirá por confrontación metafórica con un contexto teórico literal vía el camino abductivo. Pasemos pues a aclarar este itinerario en apariencia confuso, entremezclando nociones como abducción, metaforización y signo icónico, entre otros.

La distinción llevada a cabo en relación con el término "ícono" persigue como objetivo fundamental mostrar que el concepto de metáfora como caso particular de un ícono, en el sentido peirceano, debe también ser entendido en los dos modos dados, es decir, el estático y el dinámico. Desde esta perspectiva dual, importa destacar la metáfora como un proceso dinámico que conduce eventualmente a la conformación de conceptos. Así entendida, hablaremos entonces de metaforización del lenguaje como una estrategia discursiva que puede permitir el ingreso de un signo icónico vía una transformación conveniente del mismo en el terreno simbólico legaliforme y productor de conocimiento. La indagación de las características que posee todo proceso de conformación conceptual que no resulta por generalización inductiva ni por especificación deductiva nos llevará a excavar las profundidades del razonamiento abductivo y su especial conexión con la metaforización, lo cual se esboza a continuación.

El factor sorpresa: La anomalía implícita

Un elemento central aunque no evidente en la caracterización que daremos de las metáforas es el papel que desempeña la abducción en la constitución de las mismas. En efecto, recordemos que para Peirce la abducción se refiere a la formación de hipótesis, y por cierto tal proceso abductivo es, en cada caso, virtualmente plausible en la medida que para dicho autor siempre existirá "in the long run" una comunidad histórica de pensadores, quienes podrán formularse "un número finito de preguntas que llevarán a iluminar la hipótesis correcta" (CP, 5.172).

Pero ligado a esto, lo más interesante radica en que la conformación de hipótesis se orienta a ofrecer nuevas alternativas sorpresivas que, eventualmente, podrían ampliar el campo cognitivo, en caso de confirmarse éstas. Es así que, entonces, plantean meras posibilidades y no necesariamente realidades, aunque se espera que lo sean o que, en su defecto, se suplanten en un esfuerzo posterior por otras que sí den en el blanco, convirtiendo así la sospecha inicial en un aporte de verdades que contribuyan de este modo a generar conocimiento.

El punto clave en este proceso de búsqueda epistemológica yace en este factor sorpresa que lo constituye *la detección de una anomalía en el curso regular de un razonamiento. La anomalía enciende así el motor de la abducción*. En un contexto de total armonía inferencial se produce un resquebrajamiento en el orden racional instaurado. Surge inmediatamente la pregunta por los motivos o causas del hecho insólito y una necesidad teórica de reestablecer el orden perdido, el cual se logra mediante la generación de una hipótesis alternativa a la que naturalmente guiaba el curso del razonamiento seguido hasta el momento. La nueva hipótesis redireccionará el rumbo de la investigación, en caso de confirmarse, pero lo importante no es tanto el resultado que eventualmente se obtendrá como fruto de esta reorientación estratégica, sino, por sobre todas las cosas, el hecho que haya "alguna justificación para creer" esta nueva hipótesis. En efecto, Peirce lo expresa muy claramente: "Hay algún suceso o hecho sorprendente o anómalo. Este hecho no sería sorprendente bajo otra hipótesis, H. En consecuencia, hay alguna justificación para creer en H, siendo el caso, por ejemplo, H es posible." (CP, 5.189)

Tal *justificación para creer* constituye el combustible suficiente para traer a colación una nueva hipótesis y reconducir el proceso de resolución del problema, a fin de adquirir conocimiento.

La anomalía proveerá la consecuencia de advertir la aparición de una representación aparentemente "extraña" de un objeto y no la mera descripción literal del mismo, siendo esta última la que nos acercaría más inmediatamente al objeto, si contáramos con ella. Pero si ese no es el caso, la mediatización dada por la presencia del signo representacional revelará una nueva faceta de la situación bajo análisis, en la medida que permitirá vislumbrar aspectos insospechados del contexto, en esta primera aproximación al objeto. Y es aquí donde el signo icónico, en su subdivisión triádica como imagen, diagrama y metáfora, cumple un rol principal a través de la transmisión de "ideas". Al respecto, Peirce afirma: "La única manera de comunicar directamente una idea es por medio de un ícono; y todo método indirecto para comunicar una idea debe depender para su establecimiento del uso de un ícono". (CP, 2.274-302)

Pero de todos los tipos de íconos propuestos por Peirce, es la metáfora quien hace especial uso de la anomalía por su peculiar duplicidad significacional. En este sentido, diremos que *la anomalía evoca al ícono metafórico*. En efecto, la representación mencionada emerge vía las semejanzas con el objeto en cuestión, a partir de la correlación signo-objeto, vinculación que manifiesta un paralelismo entre el carácter representativo del signo o representamen y la cosa. Y tal paralelo esboza - aunque no por ello descubre totalmente - la presencia de una similaridad entre ciertas cualidades sígnicas y sendas propiedades de la cosa tratada. En síntesis, *lo que la metáfora evoca es esa capacidad representativa del representamen más que la semejanza*, que puede permanecer oculta pero que debe existir. Será necesario un trabajo posterior de elucidación de los rasgos comunes compartidos por el signo y el objeto, a fin de captar plenamente la relación analógica que llevará eventualmente a la formación de un concepto, trayendo luz a las cualidades ocultas de la cosa bajo estudio.

Es importante aclarar que tal proceso de evocación, a la par de la presencia icónica, conlleva el carácter indicial de este mismo signo, en tanto que contribuye a exhibir o mostrar las nuevas propiedades emergentes y, más aún, se convertirá en símbolo cuando ofrezca afirmaciones verdaderas respecto del objeto que representa.

Consecuentemente, desde este punto de vista dinámico, el proceso metafórico, en un sentido amplio, culmina en la construcción conceptual, y engloba en carácter de estadios que recorrerá el mismo signo, interpretado en tres instancias secuenciadas diferentes, pasando de la primera etapa icónico-metafórica -en donde se conformará la hipótesis de ciertas propiedades plausibles respecto del objeto bajo tratamiento-, ahora por un segundo momento analógico en donde se extraerán consecuencias adicionales a las ya obtenidas en la primera evocación, y por último el estadio confirmatorio de la formulación legaliforme que tipificará el proceso de extracción de propiedades particulares consolidándolo en un signo general. De este modo, el proceso de conocimiento se completa, surgiendo el concepto innovador. Cabe mencionar que no siempre el recorrido gnoseológico debe comenzar por una evocación metafórico-icónica y proseguir con razonamientos analógicos, pues cabe también la posibilidad de que un concepto emerja por la mera aplicación deductiva, la vía más directa e inmediata de razonamiento necesario para transformar situaciones generalizadas en casos menos abstractos, dando lugar a conceptos específicos; y también logramos conocimiento mediante generalizaciones inductivas confirmadas a posteriori. Lo que entonces se intenta afirmar es el hecho que de las tres vías de conocimiento que Peirce presenta - a saber, la deductiva, la inductiva y la abductiva -, esta última queda ahora descripta en términos que Peirce no formuló, es decir, a través de razonamientos metafóricos y analógicos, pero que resultan coherentes con su posición y, de algún modo, apoyan la afirmación peirceana respecto a la importancia del ícono, dado que "…una gran propiedad distintiva del ícono es que por la observación directa de él, otras verdades concernientes al objeto pueden ser descubiertas además de aquéllas que son suficientes para determinar su construcción" (CP, 2.274-302).

A su vez, conviene hacer notar que todo lo dicho cobra especial importancia para dicho autor, en el ámbito de la matemática, por la natural afinidad de esta disciplina con la construcción teórica a partir de semejanzas. En efecto, "…el razonamiento de los matemáticos se tornará central en la utilización de semejanzas (likelinesses), que son las verdaderas bisagras de las puertas de su ciencia" (CP, 2.274-302).

En especial, Peirce hace hincapié en el papel de las ecuaciones algebraicas como íconos que eventualmente aportan conocimiento "dado por las reglas conmutativa, asociativa y distributiva de los símbolos". Se da el caso de que "mediante dos fotografías un mapa puede ser dibujado… dado un signo convencional u otro de un objeto, para deducir toda otra verdad además de aquella con que significa explícitamente, es necesario en todos los casos, reemplazar ese signo por un ícono. Esta capacidad insospechada de revelar verdades es precisamente aquella en que consiste la utilidad de las fórmulas algebraicas, tal que el carácter icónico es el que prevalece". Y más adelante dice explícitamente que "toda ecuación algebraica es un ícono, en tanto que *exhibe* por medio de los signos algebraicos (que no son íconos ellos mismos), las relaciones de las cantidades involucradas." (CP, 2.274-302)

En síntesis, la capacidad formadora de hipótesis que posee el razonamiento abductivo a partir de instancias anómalas nos ofrece la oportunidad para introducirnos en el reino de lo metafórico como vía innovadora para producir conocimiento. Vayamos entonces a la presentación de la *teoría complementarista de la metáfora*, como la daré en llamar, aquella que mostrará de qué manera operan las anomalías como el factor sorpresa en la constitución y desarrollo de una metáfora.

La propuesta: Teoría complementarista de la metáfora

Estamos en presencia de un problema planteado con toda la rigurosidad y el tecnicismo requeridos en el contexto teórico de que se trate, ya sea en la matemática o en la física o cualquier otra área del pensamiento científico o incluso filosófico. Diremos que tal problema está expresado en sentido "literal" o también que éste se desarrolla en un "dominio" literal, al cual denotaremos con la letra A.

La solución de tal problema no resulta viable en principio a través de los métodos tradicionales de deducción o de generalización inductiva; es el caso en que no se avizoran salidas al camino. Estamos frente a una aporía. Pero, en un intento por aclarar posibles resoluciones, una metáfora es evocada. Ésta "representa" al problema, pero lo hace de un modo confuso, impreciso e inexacto. Diremos que ahora existe una versión "figurada" del mismo, planteada en un dominio metafórico, llamémoslo B. Cabe aclarar que la presencia de la metáfora, de ningún modo implica estar ya en posesión de una respuesta cabal ante el problema original, sino que constituye tan sólo la apertura de una rendija de luz en la aparente oscuridad que reflejaba el problema desde la perspectiva literal. Entonces, habrá que *procesar* de alguna manera la información implícita en dicha metáfora a fin de acceder a una solución del problema original.

Así, se genera una tensión, oposición o choque entre los dominios A y B, y ello a su vez produce una fisura o grieta en el discurso ya estabilizado del dominio literal A. El desconcierto producido manifiesta cierta incoherencia lógica y semántica que será necesario resolver.

Se presenta así la *anomalía* de la que hablamos en un inciso anterior, la cual podría ponerse en términos aristotélicos como un *enigma* que expone una falsedad en el nivel literal y que debe ser subsanada. En efecto, en la Retórica (III, XI, 14124 23-27) Aristóteles afirma que "…la mayor parte de las expresiones cultas y elegantes se logran por medio de la metáfora y provienen además de un engaño previo, pues resulta más evidente que uno ha comprendido a base de lo contrario y parece que el espíritu dice: '¡Qué cierto es! Y yo estaba equivocado'. "

Así, primero se plantea un engaño, una ilusión que causa sorpresa o estupor pues hace pensar que es un absurdo, y en segundo lugar se aclara la situación pues ella esconde una realidad que vincula los polos contrarios u opuestos. Aristóteles parece elogiar esta virtud de la metáfora expresada como enigma que, mediante el choque, contraste o tensión inicial, pone en alerta al interlocutor, pero sin embargo éste no se pierde, pues alcanza a comprender la verdadera afirmación que se pretendía con este recurso estilístico. Y con ello se logra un aprendizaje, una mayor comprensión que la obtenida originalmente, que por cierto no era del todo productiva en tanto que se caía en un absurdo.

Surge inmediatamente entonces la pregunta por las causas o motivos de la comparación entre los dominios literal y metafórico. Es evidente que algo le falta al dominio literal A, y de algún modo no precisado es provisto por el dominio metafórico B. Es por ello que *A y B se vinculan por complementación*. Ahora bien, dicho aporte *sólo puede hacerse dado que entre ambos contextos emerge una semejanza* que eventualmente autorizaría a trasladar ciertas cualidades del dominio figurado B hacia el literal A. Es necesario señalar que el dominio literal A no es considerado defectuoso sino limitado en aportar conocimiento sobre los objetos que él especifica. Por otra parte, el dominio metafórico B tampoco satisface las condiciones ideales de ofrecer soluciones nítidas, siendo así que *ambos, A y B, por separado son insuficientes pero juntos se complementan y permiten algún modo de transmisión cognitiva desde B hacia A*. Claro está que será necesario llevar a cabo un proceso de depuración teórica tal que luego de realizado, facultaría una ganancia de conocimiento sobre el problema en cuestión.

Tanto el dominio literal A como el dominio metafórico B, aunque diferentes, se conectan entre sí debido a un *factor aglutinante*, a saber las semejanzas subyacentes entre ellas. Sin ellas, no sería posible la complementación, y el consiguiente traspaso de propiedades y/o relaciones de B a A. En resumen, se da una tensión y el modo es complementariamente. Y lo que provoca tal oposición es una semejanza entre ciertos aspectos de A y otros de B.

La detección de semejanzas entre A y B generarán hipótesis acerca de la plausibilidad de transposición analógica de elementos de B hacia el dominio A, a fin de intentar resolver el problema mediante la posesión de ellos. Tales hipótesis, de comprobarse que son ciertas, contribuirían a neutralizar el efecto provocado por la tensión, y así se restituiría el orden, reorganizando el planteo del problema y la solución del mismo, procediendo a una relectura que ahora será el nuevo estado literal, fosilizando la metáfora, volviéndola discurso standard.

En síntesis, se oponen dos ámbitos no idénticos del saber. Se detecta que tal oposición no es total pues los dos dominios son iguales en ciertos aspectos. En consecuencia, los dos contextos son semejantes. Se aclara la semejanza y con ello se logra el equilibrio entre ambos, ampliándose así el conocimiento en el dominio original bajo estudio.

Conclusiones

El camino recorrido en este trabajo, desde cierta precisión terminológica en relación con la noción de ícono, hasta una aclaración respecto del poder anómalo y ampliativo de la abducción, han sido elementos en la teoría general de la significación de Peirce, que interesan por separado pero que, combinados, producen un efecto capital en la descripción del proceso de metaforización, que tiende hacia el descubrimiento de nuevos conceptos.

Ello lleva entonces a afirmar que en el programa peirceano, tanto la abducción como su noción de ícono son caras de la misma moneda, una en el ámbito de lo representacional y en el razonamiento diagramático, y la otra en el ámbito de la semiótica; mientras que la metaforización exhibe una tercera faceta de proveer el marco metafísico (estructural y funcional) que permite hacer emerger las semejanzas ocultas detrás de la vestidura lingüística literal.

Referencias Bibliográficas

ARISTOTELES, (2000). *Retórica*. Traducción , introducción y notas de A. Bernabé. Madrid: Ed. Alianza,

BEUCHOT, M., (2004). *Hermenéutica, Analogía y Símbolo*. México: Ed. Herder, México.

MARAFIOTI, R,. (2004). *Charles S. Peirce: El Éxtasis de los Signos*, Buenos Aires: Ed. Biblos

PEIRCE, Ch. S. (1980), *The Collected Papers of Charles Sanders Peirce*. Editado por Ch. Harshorne & P. Weiss, Cambridge: The Bleknap Press of Harvard University Press

PEIRCE, Ch. S. (1980). *The Collected Papers of Charles Sanders Peirce*. Editado por A. Burks. The Bleknap Press , vol. 7-8, Cambridge.

SEBEOK, T. A. (1994). S*ignos: Una Introducción a la Semiótica*. Traducción de P. Torres Franco, Barcelona: Ed. Paidós.

INTUICIÓN, EXISTENCIA Y METÁFORA OBJETUAL EN LAS MATEMÁTICAS

Vicenç Font Moll
Jorge Acevedo Nanclares

Introducción

En un estudio sobre la intuición, Piaget reflexiona sobre las relaciones entre evidencia, intuición e invención y afirma que la intuición matemática es muy difícil de entender para un psicólogo: "No hay nada más difícil de comprender para un psicólogo que lo que los matemáticos entienden por intuición (o bien, por intuiciones, ya que distinguen múltiples formas de ella)" (Piaget y Beth, 1980, p. 232).

Consideramos que Piaget tiene razón, puesto que la intuición es un término utilizado de muchas maneras diferentes. En el apartado 4.2 comentaremos brevemente distintas maneras de entender la intuición, ahora bien, en este trabajo no pretendemos hacer un análisis exhaustivo de los diferentes usos del término, sino que nos interesamos, sobre todo, por aquel que nos lleva a entenderla como un puente entre el mundo de los signos matemáticos materiales y los objetos ideales que dichos símbolos representan. Para ello, en el apartado 4.3 consideraremos necesario primero delimitar los procesos de materialización-idealización de los de particularización-generalización. Al proceso de idealización, de acuerdo con Font y Contreras (2008), lo entendemos como el paso del ostensivo al no ostensivo, y conlleva la problemática de dilucidar el tipo de existencia de los objetos no ostensivos. Por esta razón, dedicaremos el apartado 4.4 a comentar dos maneras de entender el término existencia, relacionadas con el platonismo interno y el externo. El apartado 4.5 se dedicará a reflexionar sobre el papel que tiene la metáfora objetual en la compresión de las entidades matemáticas como objetos que "tienen existencia", mientras que el 4.6 reflexionará sobre el papel de dicha metáfora en el proceso que va del ostensivo al no ostensivo. Nuestra conclusión es que la proyección metafórica del esquema objetual, junto al discurso sobre ostensivos que representan a no ostensivos que no existen y el discurso que diferencia entre la representación y el objeto representado, es clave para entender cómo el discurso del profesor lleva a entender al no ostensivo como un objeto ideal que se representa en el mundo material por sus ostensivos asociados.

Diferentes maneras de entender la intuición

La intuición ha sido centro de interés no sólo de la Didáctica de las Matemáticas, sino también de la Epistemología y la Psicología. En la Filosofía de las Matemáticas se han dado, básicamente, tres maneras de entenderla: la platonista, la empirista y la intuicionista. En este trabajo no pretendemos hacer un análisis exhaustivo de los diferentes usos del término intuición, sino que nos interesamos, sobre todo, por el uso de dicho término relacionado con el punto de vista platonista, que lleva a entender la intuición como un puente entre el mundo de los signos matemáticos materiales y los objetos ideales que dichos símbolos representan.

La intuición en la teoría clásica de la verdad matemática

En la teoría clásica de la "verdad" matemática se consideraba que ser deducible de axiomas intuitivos era condición necesaria y suficiente para que un enunciado fuese matemáticamente verdadero. La intuición, por una parte, nos permitía ver que los axiomas eran verdaderos y, por otra parte, que también lo eran las reglas de deducción — las llamadas nociones comunes (por ejemplo, cosas iguales a una tercera son iguales entre sí). Ahora bien, dependiendo del autor clásico que se considere, la intuición no sólo actúa sobre los axiomas y las nociones comunes sino que tiene otras funciones como, por ejemplo, la idealización y la generalización.

La intuición y la dualidad particular-general

Una de las características cruciales de la actividad matemática es el uso de elementos genéricos. El razonamiento matemático, para ir de lo general a lo particular, hace intervenir una fase intermedia que consiste en la contemplación de un objeto individual. Este hecho plantea un grave dilema: si el razonamiento se ha de aplicar a un objeto concreto, es preciso que se tenga alguna garantía de que se razona sobre un objeto cualquiera para que sea posible justificar la generalización en la que termina el razonamiento.

Con relación a este problema hay que considerar tres cuestiones conexas pero distintas, a saber:

* ¿Por qué se hace intervenir en la demostración de una proposición matemática (el enunciado de una definición, etc.), una fase intermedia que se refiere a un objeto particular?

* ¿Cómo es posible que un razonamiento en que intervenga semejante fase intermedia pueda, pese a ello, dar lugar a una conclusión universal?

* El elemento particular normalmente forma parte de una cadena en la que los eslabones anteriores son elementos genéricos. A su vez, el elemento particular, al ser considerado como genérico, se convertirá en el eslabón previo de un nuevo caso particular y así sucesivamente.

Con respecto a la primera cuestión se pueden dar soluciones diferentes, como por ejemplo la que propone Descartes (1986) en su quinta meditación: es necesario considerar un objeto concreto para que la intuición, que no puede referirse sino a objetos particulares, pueda actuar. Con respecto a la segunda cuestión la intuición permite captar lo general en lo particular (por ejemplo captando la esencia). Para

Descartes, ésta actúa sobre objetos particulares para llegar a resultados generales

La intuición y el proceso de idealización

Al hacer matemáticas se tiene la sensación de estar descubriendo resultados acerca de objetos de un tipo peculiar (funciones, grupos, conjuntos, etc.) que ofrecen resistencia: no todo vale, ni muchísimo menos. Es natural — aunque no forzoso — interpretar la objetividad de la matemática como equivalente a la existencia (real, en algún sentido) de objetos matemáticos. De acuerdo con este punto de vista, las teorías matemáticas describen estos objetos matemáticos preexistentes. Desde esta perspectiva, la intuición platónica se puede entender como un proceso que pone en contacto a sujetos espacio-temporales con objetos que están fuera del tiempo y del espacio. Platón fue uno de los primeros que puso de manifiesto la importancia del proceso de idealización al considerar a los objetos de la experiencia como copias imperfectas de las "ideas" matemáticas.

Aceptar el proceso idealizador de la intuición platónica es aceptar que los seres humanos podemos entrar en contacto con otros mundos, lo cual resulta bastante problemático. Algo menos problemático es considerar que la actividad matemática nos permite razonar sobre objetos ideales a partir de la manipulación de sus representaciones materiales.

Desde esta última perspectiva, la necesidad de tener en cuenta el proceso de idealización en la actividad matemática ha sido observada por muchas personalidades ilustres. Por ejemplo, Fischbein (1993) tiene muy en cuenta el proceso de idealización en su teoría de los "conceptos figurales". También es importante el proceso de idealización (entendido como caso límite de lo concreto) en la obra de Kitcher (1984). Este autor sostiene que los orígenes de las matemáticas son empíricos y pragmáticos, y propone una posición constructivista que afirma que las matemáticas son una ciencia idealizada de operaciones que podemos realizar con relación a objetos cualesquiera. Para Kitcher las matemáticas son como una colección de historias sobre las realizaciones de un sujeto ideal al cual se le atribuyen poderes de actuación superiores a los que tienen las personas normales, por ejemplo, recorrer los términos de una progresión geométrica. Las acciones nuevas que consideramos que son realizables no son acciones cualesquiera sino aquellas que amplían las que se consideran realizables por las personas.

Los mecanismos mediante los cuales las personas, consideradas individual o socialmente, llegan a las ideas matemáticas y cómo éstas son materializadas en sistemas de signos a efectos de comunicación son motivo de investigación (directa o indirectamente) en casi todos los programas que se han desarrollado en el área de la Didáctica de las Matemáticas. Para citar un solo ejemplo, uno de los programas que están emergiendo con más fuerza en el área, el "embodiment" (Lakoff y Núñez, 2000), se plantea precisamente investigar cómo las personas generan las ideas matemáticas.

Intuición versus abstracción

Aristóteles se opone a Platón en varios aspectos. Para el estagirita, si bien caracterizamos los objetos matemáticos como objetos distintos de sus representaciones materiales y de sus ejemplos extramatemáticos, ello no es sino un modo de hablar. Según Aristóteles, el matemático estudia los objetos sensibles extramatemáticos, haciendo abstracción de ciertas propiedades (color, temperatura, peso, etc.).

Su punto de vista tiene la virtud de hacer ver el papel que juega el discurso en la duplicación de entidades. Por otra parte, explica claramente uno de los mecanismos que nos permite pasar de lo particular a lo general: la abstracción eliminativa o empírica. Ahora bien, en nuestra opinión no estaría explicando de manera convincente el proceso de idealización.

Delimitación entre materialización-idealización y particularización-generalización

Dado que la intuición se relaciona con la idealización y la generalización, conviene establecer la delimitación entre ambos procesos. En Font y Contreras (2008) se utilizan las dualidades ostensivo-no ostensivo y extensivo-intensivo — dos de las dualidades propuestas por el Enfoque Ontosemiótico de la Cognición e Instrucción Matemática (Godino, Batanero y Font, 2007) — para tratar de manera separada los procesos de materialización e idealización y los de particularización y generalización. Se trata de una distinción importante que permite una mejor comprensión de cada proceso y, sobre todo, de su presencia conjunta en la actividad matemática.

Procesos de particularización y de generalización

Para Font y Contreras (2008), los procesos de particularización-generalización están asociados a la dualidad extensivo-intensivo. Un objeto extensivo es usado como un caso particular (por ejemplo, la función $y = 2x + 1$), mientras que un intensivo es una clase (por ejemplo, la familia de funciones $y = mx + n$). Los términos extensivo e intensivo están sugeridos por las dos maneras de definir un conjunto, por extensión (un extensivo es uno de los miembros del conjunto) y por intensión (se consideran todos los elementos a la vez). Por tanto, por extensivo entendemos un objeto particularizado (individualizado) y por intensivo una clase o conjunto de objetos.

Los mecanismos que nos ofrece el lenguaje para permitir la particularización o individuación de objetos matemáticos son variados (por ejemplo, los deícticos gramaticales: éste, ése, aquel, ahí, allí, acá, etc., o los determinativos indefinidos: uno, alguno, cualquiera, etc.). También son variados los procesos de generalización (o abstracción) que permiten obtener intensivos. Font y Contreras (2008) consideran tres tipos de procesos: la abstracción reflexiva o constructiva, la eliminativa y la aditiva.

La abstracción reflexiva (Piaget, 2001) es un proceso que, a partir de la reflexión sobre el sistema de acciones y su simbolización, llega a encontrar relaciones invariantes y las describe simbólicamente. Esto quiere decir que, en este proceso, determinadas propiedades y relaciones son señaladas y la atención se focaliza sobre ellas, lo cual pone de manifiesto que ganan un cierto grado de independencia respecto de los objetos y situaciones con los que inicialmente están asociados. Este tipo de abstracción produce un resultado que aparece a partir de la acción y que gana sentido y "existencia" desde ella. Una de las características de la abstracción reflexiva es que es constructiva, en el sentido que construye intensivos a partir de la reflexión sobre la acción.

Ahora bien, podemos considerar otros mecanismos diferentes para obtener intensivos, uno de tipo eliminativo y otro de tipo aditivo. La abstracción empírica funciona por medio de un mecanismo eliminativo: se trata de eliminar o separar aspectos o notas de lo concreto. En este caso, se llega a un intensivo por la aplicación, básicamente, de la relación tipo/ejemplar, que se basa en la aplicación de un mecanismo de tipo eliminativo en base a la relación parte/todo, es decir, el intensivo (tipo) se considera una de las partes que componen el extensivo (todo), ya que este último es un ejemplar concreto que tiene muchas notas o atributos distintos.

Otro mecanismo diferente para obtener intensivos consiste en la reunión, en un mismo conjunto, de diversos elementos. Por ejemplo, puedo considerar la mediatriz de la figura 1 como un miembro (un extensivo) que forma parte, junto a otras mediatrices, de una clase o conjunto (un intensivo). En este último caso se llega a un intensivo también por la relación parte/todo, pero entendida de manera inversa a como se entiende en el caso de la abstracción empírica, la parte (el extensivo) es un miembro de un todo, una clase (el intensivo).

Estas tres maneras de generar intensivos juegan un papel diferente en las matemáticas, la abstracción eliminativa y la constructiva tendrían que ver, sobre todo, con el "contexto de descubrimiento", mientras que la abstracción aditiva se relaciona, sobre todo, con el "contexto de justificación", puesto que esta última es la usada habitualmente en la presentación formalista de las matemáticas que se fundamenta sobre la teoría de conjuntos.

Procesos de idealización y de materialización

Para Font y Contreras (2008), los procesos de materialización-idealización están asociados a la dualidad ostensivo-no ostensivo. Los objetos matemáticos son, en general, no perceptibles. Sin embargo, son usados en las prácticas públicas a través de sus ostensivos asociados (notaciones, signos, gráficos, etc.). La distinción entre ostensivo y no ostensivo es relativa al juego de lenguaje (Wittgenstein, 1953) en el cual toman parte. Los objetos ostensivos también pueden ser pensados o imaginados por un sujeto o bien estar implícitos en el discurso matemático (por ejemplo, el signo de multiplicación en la notación algebraica).

Supongamos que el profesor ha dibujado en la pizarra la figura de la izquierda (figura 1) y que habla sobre ella como si fuera la mediatriz del segmento que tiene por extremos los puntos A(3,4) y B(6,2) esperando, además, que los alumnos interpreten de esta manera dicha figura:

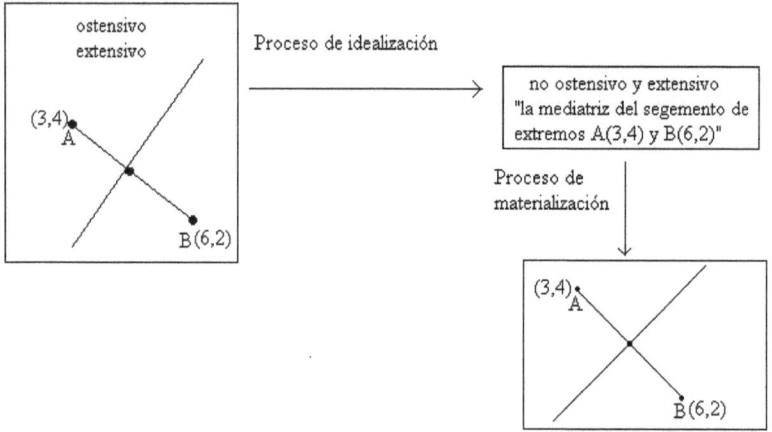

Figura 1. Procesos de idealización y de materialización

Si se observa bien la figura 1 de la izquierda se tiene que: (1) el segmento no es una segmento de línea recta, (2) la mediatriz no es una recta ya que es sólo un segmento de la mediatriz, (3) además, dicho segmento tampoco es un segmento de línea recta, (4) no pasa exactamente por el punto medio, (5) los puntos A y B y el punto medio son muy gruesos, (6) el ángulo que forma la supuesta mediatriz con el segmento no es exactamente de 90°, etc.

Es evidente que el profesor espera que sus alumnos hagan el mismo proceso de idealización sobre la figura de la pizarra que él ha realizado y su discurso sobre ella omite los inconvenientes comentados en el párrafo anterior. Es decir, la figura de la pizarra se constituye en una figura ideal, explícita o implícitamente, por el tipo de discurso que el profesor realiza sobre ella. Es una figura concreta y ostensiva (en el sentido que está dibujada con el material "tiza" y es observable por cualquier persona que esté en el aula) y, como resultado del proceso de idealización, se tiene un objeto (la mediatriz del segmento AB) no ostensivo (en el sentido de que se supone que es un objeto matemático que no se puede presentar directamente si no es mediante ciertos ostensivos asociados) Por otra parte, este objeto no ostensivo es particular, a saber, es la mediatriz del segmento de extremos A(3,4) y B(2,6) y no es, por ejemplo, la mediatriz del segmento de extremos (4,4) y (8,7). Por tanto, como resultado del proceso de idealización hemos pasado de un ostensivo que era extensivo a un no ostensivo que sigue siendo un extensivo.

La otra cara de la moneda es que para poder manipular los objetos no ostensivos necesitamos representaciones ostensivas, resultado de un proceso de materialización (y también de representación). Siguiendo con el ejemplo de la mediatriz dibujada en la pizarra, el profesor podría darse cuenta que la figura no está muy bien hecha, para después borrarla y sustituirla por una figura "más perfecta" (la figura 1 de la derecha). El proceso de materialización sitúa el conocimiento matemático en el *"territorio del artefacto"* (Radford, 2006, p. 107), puesto que sus productos son artefactos culturales que mediatizan y materializan el pensamiento.

El proceso de idealización es un proceso que duplica entidades ya que, además del ostensivo que está en el mundo de las experiencias materiales humanas, se crea (como mínimo de manera virtual) un no ostensivo idealizado. La relación que se establece entre estas dos entidades es la de expresión-contenido y se puede caer en la tentación de segregar este par de objetos y dar vida independiente a los objetos no ostensivos (algo parecido a cuando se considera el espíritu como algo segregado del cuerpo), entre otros motivos porque el discurso objetual que se suele utilizar en las matemáticas induce a creer en la "existencia" del objeto matemático como algo independiente de su representación (ver apartados 4.5 y 4.6). Wittgenstein (1978) ha sido, probablemente, quien más claramente ha llamado la atención sobre este peligro. Para este filósofo, la asimilación de los términos matemáticos a nombres, especialmente la concepción de que son nombres de objetos ideales o abstractos, es fundamental para las confusiones que se producen al reflexionar sobre las matemáticas.

Existencia de los objetos matemáticos

Al aceptar un mundo de objetos matemáticos ideales diferentes de sus representaciones materiales aparece el problema de saber el tipo de existencia de dichos objetos.

La noción de existencia se presta a ser utilizada de dos maneras muy diferentes. En efecto, es muy diferente preguntarnos: ¿existe un número primo entre 22 y 26?, que preguntarnos: ¿existen los números primos?. Hay una numerosa literatura al respecto: Moore (1972), Carnap (1981), Wittgenstein (1990), etc. Según Wittgenstein (1990) la palabra "existencia" tiene dos sentidos, uno "absoluto" y otro "relativo"; como ejemplo del primero aduce a la extrañeza que sentimos delante de la existencia del mundo o de las cosas en general, mientras que un buen ejemplo del segundo seria la extrañeza, completamente diferente, que produce la existencia de una casa que creíamos que había sido derribada.

Uno de los filósofos que más claramente ha expuesto el problema de estos dos sentidos de la palabra existencia ha sido Carnap en su artículo "Empirismo, semántica y ontología" (1981). Carnap distingue, en relación a la existencia de entidades abstractas, dos tipos de cuestiones: las internas y las externas:

> (..). Si alguien quiere hablar en su lenguaje acerca de un nuevo tipo de entidades, tiene que introducir un sistema de nuevas maneras de hablar, sujeto a nuevas reglas; llamaremos a este procedimiento la construcción de un marco *lingüístico* para las nuevas entidades en cuestión. Y en este momento debemos distinguir dos tipos de cuestiones de existencia: en primer lugar, cuestiones acerca de la existencia de ciertas entidades del nuevo tipo *dentro del marco*; llamaremos a éstas *cuestiones internas*; y, en segundo lugar, cuestiones concernientes a la existencia o realidad *del sistema de entidades como un todo*, a las que llamaremos cuestiones externas. Las cuestiones internas y las respuestas posibles a ellas se formulan con ayuda de las nuevas formas de expresiones. A las respuestas se puede llegar o bien por métodos puramente lógicos, o bien por métodos empíricos, según que el marco sea lógico o fáctico. Las cuestiones

externas tienen un carácter problemático que exige un análisis más ajustado. (Carnap, 1981, p. 402).

Carnap continúa su artículo aplicando la distinción entre cuestiones internas de existencia y cuestiones externas al mundo de las cosas, al sistema de los números naturales, al sistema de las proposiciones, etc. Independientemente de que estemos de acuerdo o no con la solución que da Carnap al problema de la existencia del marco de los números (Carnap 1981, pp. 404-405), hay una cosa clara: la existencia interna dentro de un determinado marco lingüístico no es demasiado problemática. Lo que resulta más problemático es la existencia del sistema de entidades como un todo.

Platonismo interno y externo

El término 'platonismo' en sentido interno o débil fue propuesto por Paul Bernays (un colaborador de Hilbert) en una conferencia que impartió en junio de 1934 en la Universidad de Ginebra. Bernays pretendía dar nombre a un modo de razonar que es característico sobre todo del análisis y la teoría de conjuntos, aunque también del álgebra moderna y la topología. Dicho modo de pensar (Ferreirós, 1999) consiste en lo siguiente: los objetos de la teoría se conciben como elementos de una totalidad o conjunto, que se considera dada al margen de cualquier dependencia respecto al sujeto pensante, al matemático. Precisamente porque los elementos del conjunto se conciben como dados, una consecuencia de dicho modo de pensar es que para una propiedad cualquiera (expresable con los medios de la teoría) puede decirse que o bien la poseen todos los elementos del conjunto, o bien hay uno que no la posee. El platonismo, en el sentido de Bernays, es característico de la moderna matemática abstracta.

El platonismo externo, ontológico, o propiamente filosófico consiste en la afirmación de que los objetos matemáticos gozan de una existencia real, análoga en algún sentido (aunque diferente) a la existencia de los objetos físicos. También se puede interpretar como una posible justificación del platonismo interno. Puede haber grados de platonismo externo, el más débil consiste en afirmar que existen objetos matemáticos como los números, que estos objetos no son espacio-temporales y que existen con independencia de nosotros. El más fuerte sería afirmar que todo objeto matemático posible (que no lleva a la contradicción) existe.

La Metáfora objetual

Recientemente, diversos autores (ver, por ejemplo, Bolite, Acevedo y Font, 2006; Lakoff y Núñez, 2000; Núñez, Edwards y Matos, 1999; Pimm, 1981, 1987; Presmeg, 1997) han puesto de manifiesto el importante papel que tiene la metáfora en el proceso de la enseñanza y aprendizaje de las matemáticas. Sriraman y English (2005), en su revisión de los marcos teóricos en el área de la educación matemática, destacan la importancia que tiene el estudio de la metáfora y de la teoría de la mente corporeizada en dicha área. Por otra parte, el papel que tiene la metáfora en la emergencia discursiva de los objetos matemáticos también ha sido tema de estudio. Por ejemplo, Sfard (2000, p. 322) ha resaltado el papel que tiene los aspectos metafóricos en el discurso sobre la existencia de los objetos matemáticos: To begin with, let me make clear that the statement on the existence of some special beings (that we call mathematical objects) implicit in all these questions is essentially metaphorical.

En este apartado, se argumenta que el uso de la metáfora objetual en el discurso matemático es una de las causas de que se hable de la existencia de los objetos matemáticos en el sentido que hemos llamado platonismo interno, pero a su vez tiene que ver también con el platonismo externo.

Niveles entre el ostensivo y el no ostensivo

De acuerdo con Font y Contreras (2008), consideramos que el proceso de idealización nos permite pasar del ostensivo al no ostensivo. El siguiente paso es preguntarnos por los niveles entre uno y otro. Si nos situamos en la perspectiva del sujeto, podemos considerar los siguientes niveles:

* Un primer nivel que es el dibujo de un triángulo en un libro que estamos mirando.
* Un segundo nivel es el recuerdo del dibujo del triángulo que hemos visto anteriormente en una página de un libro. En este caso creo que puedo ver el triángulo y estoy seguro, por ejemplo, que es rectángulo.
* Un tercer nivel sería considerar la imagen de un triángulo que no sea el recuerdo directo de una experiencia anterior, es decir que intentemos imaginar un triángulo en una hoja en blanco. En este caso la imagen ha de ser la de un triángulo concreto, por ejemplo, con base horizontal.
* Un cuarto nivel sería la posibilidad de tener la imagen mental de un triángulo general, una especie de imagen-plantilla que sirviese para cualquier triángulo, es decir, una especie de clase de equivalencia de todas las figuras del nivel anterior.
* Un quinto nivel sería el concepto de triángulo.

De estos cinco niveles, el que resulta especialmente problemático es el cuarto ya que es difícil ver la diferencia con el concepto de triángulo (quinto nivel). Kant, en su obra *Crítica de la razón pura* (2003), postula este cuarto nivel, es decir, la facultad que tiene el sujeto de imaginar un triángulo que no sea ni escaleno, ni rectángulo, etc. sobre el cual actúa la intuición. Kant propone un punto intermedio entre los dos puntos de vista actuales sobre cómo se guarda la información en la memoria a largo plazo.

Con relación a los símbolos mentales, los psicólogos cognitivistas mantienen una larga polémica que ha generado una abundante literatura a favor y en contra. En Johnson-Laird (1987), Pylyshyn (1983) y Anderson (1983), se puede encontrar una exposición clásica de esta controversia. Hay psicólogos que creen que en la memoria a largo plazo existen imágenes espaciales, mientras que otros se sitúan en el extremo contrario y niegan que tales imágenes mentales se guarden en la memoria en un formato figurativo diferente del proposicional, porque consideran que la imagen no está archivada como tal en la memoria, sino que se produce cuando se recupera y se codifica en formato gráfico, el formato proposicional guardado en la memoria. Esta polémica tiene su raíz en el hecho que la imagen mental es una representación mental del objeto, mientras que las proposiciones son representaciones mentales que nos permiten decir cosas del objeto. El hecho que la imagen mental nos dé un conocimiento "de..." y que las proposiciones nos den un conocimiento "que..." pone de manifiesto que estamos considerando dos tipos de representaciones distintas y, para ciertos psicólogos, parece lógico suponer que se almacenan en la memoria en dos formatos diferentes (lingüístico y figurativo).

Esquemas de imágenes

La propuesta de Johnson (1991), cuyo origen hay que buscarlo en la teoría de la imaginación de Kant, consiste precisamente en postular unos esquemas, llamados esquemas de las imágenes, que se hallan a mitad de camino entre las imágenes y los esquemas proposicionales:

> (...) Por un lado, no se trata de proposiciones objetivistas que especifican las relaciones abstractas entre símbolos y la realidad objetiva. Podrían ser condiciones de satisfacción de esquemas de una clase específica (para los que necesitaríamos una nueva explicación), pero no en el sentido exigido por los tratamientos tradicionales de las proposiciones. Por el otro, carecen de la especificidad de las imágenes ricas o de las descripciones mentales. Operan a un nivel de generalidad y abstracción superior al de las imágenes ricas concretas. Un esquema se compone de una reducida cantidad de partes y relaciones, en virtud de las cuales puede estructurar indefinidamente muchas percepciones, imágenes y acontecimientos. En síntesis, los esquemas de las imágenes operan a un nivel de organización mental situado entre las estructuras proposicionales abstractas y las imágenes concretas particulares. (Johnson, 1991, p. 85)

Según Johnson (1991), para llegar al pensamiento abstracto es necesario utilizar esquemas más básicos que derivan de la propia experiencia inmediata de nuestros cuerpos. Utilizamos estos esquemas básicos, denominados *esquemas de las imágenes*, para dar sentido a nuestras experiencias en dominios abstractos mediante proyecciones metafóricas.

Los esquemas se forman a partir de múltiples experiencias corporales que el individuo experimenta de forma recurrente. Algunas de estas experiencias comparten rasgos comunes que se abstraen para dar lugar a los *esquemas de las imágenes*. Tanto las experiencias como los rasgos comunes de dichas experiencias deben necesariamente tener un origen corporal, ya que surgen y son consecuencia de las experiencias vividas corporalmente.

Para Johnson, los esquemas de las imágenes son estructuras de conocimiento interrelacionadas y dinámicas, a la vez modificables por medio de la experiencia y se conforman por la recurrencia de experiencias pasadas: *"Un esquema es un patrón recurrente, una forma y una regularidad en o de estas actividades de ordenamiento en curso"* (Johnson, 1991, p. 85). Si desglosamos esta definición podemos comprender algunos aspectos que se infieren de la misma. El término "patrón" alude a la naturaleza abstracta del esquema, que posee una estructura interna determinada. La "recurrencia" de dichos patrones apela a la necesidad de que existan experiencias repetidas, que han de ser "interactivas" porque implican relación con el entorno, y "corporales", ya que se experimentan a través de nuestro cuerpo.

En la figura siguiente vemos el esquema de *contenedor, que* se puede proyectar metafóricamente para comprender algunos aspectos de otros dominios, como por ejemplo la teoría de conjuntos.

Límite   Dentro   Fuera
                                Los elementos del contenedor forman unidad.
                                Tiene límites que separan dentro y fuera

Figura 2: Diagrama del esquema *contendedor* y su estructura interna

La metáfora objetual

De acuerdo con las ideas expuestas en Lakoff y Johnson (1991), Lakoff y Núñez (2000) consideran que la naturaleza de las matemáticas hay que buscarla en las ideas de las personas, no en las demostraciones formales, axiomas y definiciones ni en mundos trascendentes platónicos. Estas ideas surgen de los mecanismos cognitivos y corporales de los sujetos. Por razones de tipo evolutivo, todos desarrollamos los mismos mecanismos cognitivos de los que surgen las ideas matemáticas. Debido a su origen común, éstas no son arbitrarias, no son el producto de convenciones completamente sociales y culturales —aunque los aspectos sociales e históricos juegan papeles importantes en la formación y desarrollo de estas ideas[1].

A la pregunta ¿Cuáles son las capacidades cognitivas, basadas en la importancia del cuerpo sobre la mente, que permiten a una persona pasar de las habilidades numéricas básicas innatas a un entender profundo y rico de, por ejemplo, las matemáticas de una licenciatura universitaria de una facultad de ciencias? Lakoff y Núñez (2000) responden que éstas no son independientes del aparato cognitivo usado fuera de la disciplina. Según estos autores, la estructura cognitiva necesaria para la matemática avanzada usa el mismo aparato conceptual que el pensamiento cotidiano en las situaciones ordinarias no matemáticas. Para estos autores, la proyección metafórica es el principal mecanismo cognitivo que nos permite estructurar las entidades abstractas de las matemáticas a partir de nuestras experiencias corporales.

En este trabajo asumimos, de acuerdo con Lakoff y Núñez (2000), la interpretación de la metáfora como la comprensión de un dominio en términos de otro. Asumimos que las metáforas se caracterizan por crear una relación conceptual entre un dominio de partida y un dominio de llegada que permite proyectar propiedades e inferencias del dominio de partida en el de llegada. En otras palabras, crean un cierto "isomorfismo" que permite que se trasladen una serie de características y estructuras. Ahora bien, las metáforas sólo dejan ver un aspecto del dominio de llegada que no engloba su totalidad; la metáfora nos sirve para mostrar el aspecto que deseamos evidenciar y para ocultar otros aspectos, de los cuales muchas veces ni siquiera somos conscientes. Otra de las funciones que cumple es la de conectar diferentes sentidos y, por tanto, ampliar el significado que tiene para una persona un determinado objeto matemático.

Lakoff y Núñez (2000), en relación con las matemáticas, distinguen dos tipos de metáforas conceptuales.
* "Conectadas a tierra" (grounding). Son las que relacionan un dominio (de llegada) dentro de las matemáticas con un domi-

---

[1] En Johnson (1991) se puede encontrar la justificación filosófica que permite a esta teoría distanciarse tanto del objetivismo realista como del relativismo.

nio (de partida) fuera de ellas. Por ejemplo: "Las clases son contenedores", "los puntos son objetos", "una función es una máquina", etc. Estas metáforas sirven para organizar un dominio de llegada matemático (por ejemplo, las clases) a partir de lo que sabemos sobre un dominio de partida que está fuera de ellas (lo que sabemos sobre los contenedores).

* De enlace (linking). Tienen su dominio de partida y de llegada en las mismas matemáticas. Por ejemplo, "los números reales son los puntos de una recta", las funciones de proporcionalidad directa son rectas que pasan por el origen de coordenadas", etc. Las metáforas de enlace proyectan un campo de conocimientos matemáticos sobre otro distinto.

Entre las metáforas conectadas a tierra (grounding) destacan las metáforas ontológicas. Un primer tipo es la "objetual", que tiene su origen en nuestras experiencias con objetos físicos, permite considerar acontecimientos, actividades, emociones, ideas, etc. como si fueran entidades (objetos, cosas, etc.) o sustancias. Esta metáfora se combina de manera inconsciente con otras ontológicas, como la del "contenedor" y con la metáfora "parte-todo". La combinación de dichas metáforas permite considerar ideas, conceptos, etc. como entidades o sustancias que se contienen unas a otras, o bien que son partes de otras. Esta interpretación es clara, por ejemplo, en los axiomas de existencia y enlace del libro *Curso de Geometría* de P. Puig Adam (1965, pág. 4).

"Ax. 1.1 -Reconocemos la existencia de infinitos entes llamados <<puntos>> cuyo conjunto llamaremos <<espacio>>.

Ax. 1.2 -Los puntos del espacio se consideran agrupados en ciertos conjuntos parciales de infinitos puntos llamados <<planos>> y los de cada plano en otros conjuntos parciales de infinitos puntos llamados <<rectas>>".

Expresiones metafóricas de la metáfora objetual

Consideramos necesario hacer una distinción entre "expresión metafórica" y "metáfora conceptual", que son ideas muy relacionadas pero diferentes. Esta distinción permite establecer generalizaciones que, sin esta distinción, permanecerían invisibles. Las expresiones metafóricas pueden ser agrupadas en metáforas conceptuales, ya que se pueden considerar casos particulares de la misma metáfora conceptual.

La metáfora "Las entidades matemáticas son objetos" es una metáfora ontológica de tipo grounding, que se puede considerar casi como una metáfora fosilizada cuando se utiliza correctamente. La proyección metafórica que se produce con el uso de esta metáfora se puede ilustrar por la figura 3 (Acevedo, p. 138). Nuestras experiencias en el mundo de las cosas nos permiten considerar un objeto separado de su entorno, a partir de dichas experiencias se genera el esquema de imagen objetual, el cual es el dominio de partida que se proyecta al mundo de las entidades matemáticas. Dicha metáfora conceptual se puede concretar en diferentes expresiones metafóricas (los ejemplos de la figura 3 son de una clase sobre representación gráfica de funciones con alumnos de 17 años).

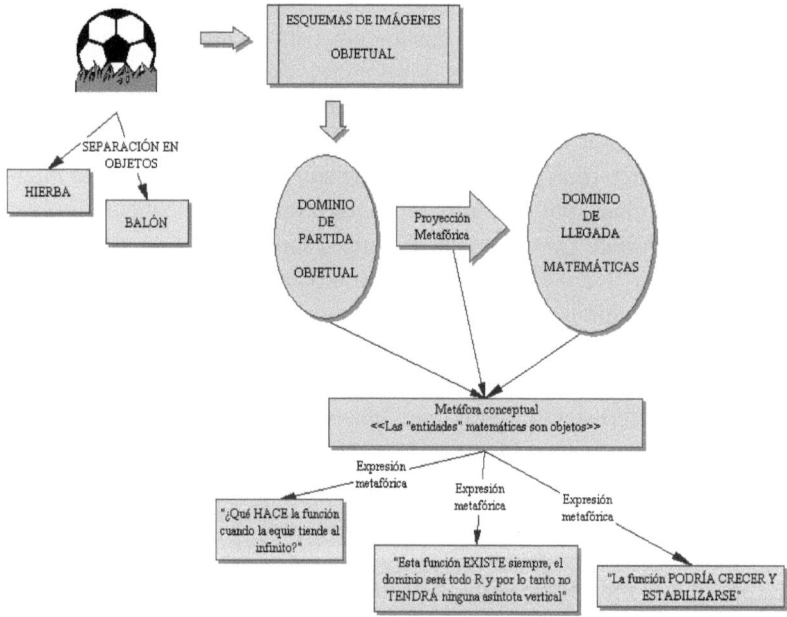

Figura 3. Proyección metafórica del esquema objetual

Metáfora ontológica:
"Las entidades matemáticas son objetos físicos"

Dominio de partida **Esquema objetual**	Dominio de llegada **Entidades matemáticas**
Objeto físico	Objeto matemático
Propiedades del objeto	Propiedades del objeto matemático

Tabla 1. Proyección metafórica del esquema objetual

La metáfora ontológica "objetual" es omnipresente en el discurso del profesorado ya que, en él, las entidades matemáticas se presentan como "objetos que tienen propiedades" (Acevedo, 2008), que pueden ser físicamente representados (en la pizarra, con materiales, con gestos, etc.). En Acevedo (2008), las expresiones metafóricas de la metáfora objetual se observan, por ejemplo, cuando el profesor habla sobre la realización de cálculos matemáticos para encontrar la primera derivada de una función. El profesor usa expresiones verbales (y también gestuales) que sugieren la idea de que los objetos matemáticos se pueden manipular como las cosas que tienen una cierta entidad física.

50. Derivada del numerador, ¡No! multiplicada por el denominador sin derivar, menos el numerador sin derivar que multiplica al denominador derivado, ¡De acuerdo! Dividido por el denominador al cuadrado.
51. Esto es la primera derivada, *ahora ¿qué hay que hacer?, operar, manipula.*
52. ¿Qué nos queda?

El uso de la metáfora objetual facilita la transición desde la representación ostensiva del objeto -en la pizarra, en la pantalla del computador, en el papel, etc.- hacia un objeto ideal y no ostensivo. Pretende conseguir que la representación ostensiva de la cual se habla y que está dibujada en la pizarra (papel, ordenador, etc.) se constituya en un objeto no ostensivo ideal, explícita o implícitamente, por el tipo de discurso que se realiza sobre ella. La representación de la pizarra es una figura concreta y ostensiva (en el sentido que está dibujada con el material "tiza" y es observable por cualquier persona que esté en el aula) y, como resultado del proceso de idealización, se tiene un objeto matemático no ostensivo (en el sentido de que se supone que es un objeto matemático que no se puede presentar directamente si no es mediante ciertos ostensivos asociados).

La metáfora objetual, en nuestra opinión, es la causa de que se hable de la existencia de los objetos matemáticos en el sentido que hemos llamado platonismo interno. En este tipo de discurso, las cuestiones de existencia se plantean dentro de un determinado marco lingüístico propio de la institución matemática que, en principio, no tiene porque ser problemático. Este sería el caso de los párrafos 29 y 37 de la transcripción de un profesor cuando explica la representación gráfica de funciones a alumnos de 17 años (Acevedo, 208, pp. 136-137).

29 Sí, de cero hasta más infinito es el dominio, porque logaritmos de *números negativos no existen*, logaritmo *de menos uno no existe*. ¿El cero incluido o no incluido?
....

37. Menos los negativos ... porque *la raíz cuadrada de un número negativo no existe*, también podríamos decir los mismos números reales menos los negativos, más fácil, todos los números positivos, podemos ponerlo así, más fácil, podemos ponerlo en forma de intervalo, del cero hasta el más infinito, el cero esta vez sí que está incluido, sí que está incluido.

Ahora bien, no está claro que el alumno se quede en el platonismo débil y no cambie de juego de lenguaje para entender la existencia en términos del platonismo externo. Sobre todo, si el profesorado no es extremadamente cuidadoso en la manera como utiliza el término "existir". Para poner un solo ejemplo, en el siguiente párrafo de otro profesor cuando explica la representación gráfica de funciones a alumnos de 17 años: *"Por lo tanto, esta función **existe** siempre, el dominio será todo R y por lo tanto no **tendrá** ninguna asíntota vertical"* (Acevedo, 2008, p. 137) hay una desviación del uso legítimo de la palabra "existe", ya que lo que tiene sentido sería decir que: *las imágenes existen (o no están definidas) para cualquier valor de la variable independiente.* Al atribuir la existencia a la función en lugar de a las imágenes, pasamos de un uso perfectamente delimitado a un uso "peligroso" del término "existe", que puede llevar a entender que la función es un objeto que existe como existe una silla (pasamos de una existencia "matemática" a una existencia "real").

Diferenciación entre ostensivos y no ostensivos

Tal como se ha dicho, el proceso de idealización es un proceso que duplica entidades ya que, además del ostensivo que está en el mundo de las experiencias materiales humanas, se crea (como mínimo de manera virtual) un no ostensivo idealizado. Ahora bien, en el discurso matemático hay casos en los que se habla de ostensivos que representan no ostensivos que no existen. Por ejemplo, cuando se dice que $f'(a)$ no existe por el hecho de que la gráfica tiene forma de "punta":

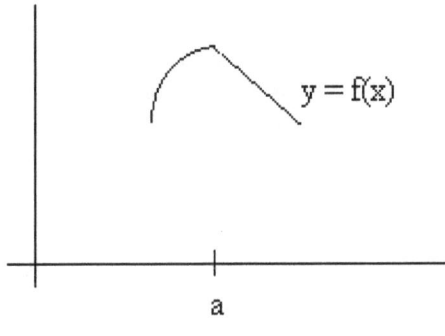

Figura 4

En Acevedo (2008, p. 320) podemos encontrar la siguiente observación hecha por un profesor cuando explica a sus alumnos que el "límite" no "existe":

> 113 Profesor: Como pueden ver que como los límites laterales no coinciden, el límite no existe... o bien el límite es infinito, o sea que da más o menos infinito.

En la siguiente transcripción (García, 2008, anexo 2, p. 10), también podemos ver cómo el profesor realiza un discurso en el que hay ostensivos bien formados (*límite cuando x tiende a 0 de f(x)*) que representan a no ostensivos que no existen:

> 83. Profesor: Fijaos, está definida en 0, pero los límites laterales existen, pero son distintos. El límite cuando x tiende a cero por la izquierda de f(x) es 1. El límite cuando x tiende a cero por la derecha de f(x) es 3. ¿Cuál es el límite cuando x tiende a 0 de f(x)?

84. Alumnos: No se puede saber. No hay. Pero sí, tiene dos. [Distintas intervenciones].

85. Profesor: Antes vimos que existían los límites laterales para x tendiendo a 3 de f(x) y eran 5. Aclaro que, ahora, no existe el límite cuando x tiende a 0 de f(x).

En la siguiente transcripción (García, 2008, anexo 2, p. 8) podemos ver cómo el profesor también realiza un discurso en el que hay ostensivos bien formados (f(3)) que representan a no ostensivos que no existen, pero en este caso no dice literalmente que dichos no ostensivos no existen, sino que dice que no "se tienen".

51. Profesor: Luego, el límite cuando x tiende a 5 de x^2-2 es igual a 23. Cuando me acerco a 5, las imágenes se acercan a 23. Pero esto no siempre ocurre.

Imaginaros:

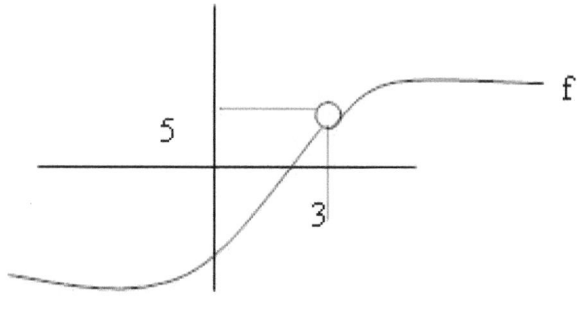

Figura 5

52. Profesor: ¿Dominio de f? [Él mismo contesta que es $\Re - \{3\}$].

53. Profesor: ¿Y f(3)? No caigáis en la trampa de decir 5, porque no está en el dominio y no puede haber imagen. Pero no nos preocupa f(3), pero sí el acercarme a 3 lo más que pueda y antes del 3.

54. Profesor: Ojo, ¿dónde están las imágenes? No tengo ahora fórmula.

55. Alumnos: Cerca del 5.

56. Profesor: ¿Y si ahora me acerco a 3 por la derecha, dónde están sus imágenes?
57. Alumnos: Por encima del 5.
58. Profesor: Sí, podemos decir límite cuando x tiende a tres de f(x).
59. Alumnos: Pero si no existe f(3).
60. Alumno (Jaime). Pero la asíntota tampoco lo toca.
61. Profesor: Luego es curioso pero $\lim_{x \to 3} f(x) = 5$. No está definida en 3 pero sí existe su límite. Ahora existe ese límite sin tener la expresión analítica y sin tener f(3).

Para poder hablar de la no existencia de ciertos no ostensivos tenemos que hacerlo con un discurso en el que intervienen ostensivos formados de acuerdo a la "gramática" que regula la construcción de fórmulas bien formadas (f'(3) en el último ejemplo considerado). Este tipo de discurso sobre no ostensivos que no existen también es asimilado y usado por muchos alumnos; como muestra, el siguiente comentario de un alumno (Acevedo, 2008, p. 320).

41. Alumno: Luego haces lo mismo aquí, bueno primero aquí en el cero le pones el cero porque es ... lo acabas de buscar, es el número que te ha dado, por tanto la derivada es cero y luego en el menos uno y en el uno también tendrías que poner cero, pero como hay asíntotas verticales justamente que están aquí como hay pues entonces no existe ni la derivada ni la función no existen, vale, entonces luego lo haces con el menos uno y el cero y también te da negativo, con el mismo procedimiento y luego con el cero y el uno pues da positivo y como da positivo resulta que hay un mínimo aquí porque hay este dibujo y hay un mínimo

El hecho de utilizar ostensivos que representan a ostensivos que no existen puede ser causa de confusiones en los alumnos, pero también pueden ser causa de reflexiones filosóficas implícitas, de cierta profundidad; este es el caso del siguiente alumno que distingue entre el "ser" y el "existir". Este alumno comete el error de identificar la asíntota vertical con un número:

2. Entrevistador: ¿Nos podrías explicar un poco más

qué entiendes por asíntota vertical?

3. Alumno : Yo entiendo por asíntota vertical, *es el valor que no existe en la función*

Ahora bien, en el caso de este alumno hay que resaltar que implícitamente distingue entre "ser" y "existir". Para este alumno se puede "ser" ("es el valor") y al mismo tiempo no existir ("que no existe en la función").

La existencia de ostensivos bien formados que representan no ostensivos que no existen facilita la consideración de los objetos no ostensivos como algo diferente del ostensivo que lo representa. Las investigaciones de Duval (2008) han resaltado la importancia que tienen las diferentes representaciones de un mismo objeto y las conversiones y transformaciones entre ellas en la comprensión de los estudiantes de los objetos matemáticos como algo diferente a sus representaciones.

Muchos libros de texto de matemáticas, implícita o explícitamente, hacen observar a los alumnos que un objeto matemático se puede representar de diferentes formas y que no hay que confundir el objeto matemático con su representación. Por ejemplo, en un libro de texto muy utilizado en Catalunya (Barceló et al., 2002, p. 89), se dice:

> En todas las actividades que has realizado has podido observar las diferentes maneras de expresar una función: como un enunciado, como una tabla de valores, como una fórmula y como una gráfica. Siempre hay que tener presente estas cuatro formas y saber pasar de una a otra fácilmente.

Sin embargo, estos mismos textos frecuentemente identifican el objeto matemático con una de sus representaciones. En el mismo texto citado anteriormente (Barceló et al., 2002, p. 90), a continuación de la cita anterior, se dice "Dada la función $f(x) = 1/x$ ...". La explicación es que, según convenga, la representación se identifica o se diferencia del objeto representado. Peirce (1978, §2.273) menciona este hecho en una famosa cita:

> Estar en una relación tal con otro que para un cierto propósito es tratado por una mente como si fuera ese otro. Así, un portavoz, un diputado, un agente, un vicario, un

diagrama, un síntoma, una descripción, un concepto, un testimonio, todos ellos representan, en sus distintas maneras, algo más a las mentes que los consideran.

En las prácticas matemáticas, constantemente identificamos el objeto con su representación y, por otra parte, distinguimos entre el objeto y su representación. Las reglas de este juego de lenguaje, donde la metáfora objetual juega un papel crucial, pueden ser difíciles de entender para algunos alumnos. Cuando nosotros consideramos objetos físicos, podemos diferenciar el objeto de su representación (por ejemplo, la palabra "reloj" y el objeto físico "reloj"). La metáfora objetual, tal como es usada en el discurso matemático, permite transferir esta diferenciación a los objetos matemáticos y, por tanto, diferenciamos la "representación" del "objeto matemático". Además, el tipo de discurso que se realiza en la clase de matemáticas nos conduce a inferir que el objeto existe de manera independiente a su representación, lo cual lleva a considerar que hay un único objeto matemático que se puede representar por diferentes representaciones.

Reflexiones finales

La consideración de las facetas duales ostensivo/no ostensivo y extensivo/intensivo, propuestas por el enfoque ontosemiótico de la cognición e instrucción matemática (Font y Contreras, 2008) permiten la delimitación de los procesos de particularización y generalización con respecto a los procesos de idealización y materialización. Se trata de una delimitación importante que posibilita un análisis más detallado de cada uno de estos procesos y de su presencia combinada en la actividad matemática.

Esta delimitación permite interpretar el proceso de idealización como la transición entre el objeto ostensivo y el objeto no ostensivo. La metáfora objetual juega un papel importante en dicha transición, puesto que es crucial para se dé algún tipo de existencia a los objetos matemáticos, tanto desde la perspectiva del platonismo interno como del externo.

El uso de la metáfora objetual en el discurso del aula de matemáticas lleva al estudiante a interpretar a las entidades matemáticas como "objetos con existencia". Por otra parte, el discurso sobre ostensivos que representan no ostensivos que no existen y sobre la identificación (diferenciación) del objeto matemático con su representación lleva al estudiante a interpretar a los objetos matemáticos como algo diferente a sus representaciones materiales. La consecuencia es que el discurso del aula ayuda a desarrollar, en los alumnos, la comprensión de los objetos matemáticos no ostensivos como objetos que tienen una existencia independiente de sus representaciones.

Referencias Bibliográficas

ANDERSON, J. R. (1983). Argumentos acerca de las representaciones mediante la capacidad para formar imágenes mentales. En M. V. Sebastián (Ed.). *Lecturas de psicología de la memoria* (pp 385-425). Madrid: Alianza Universidad.

ACEVEDO, J. I. (2008). *Fenómenos relacionados con el uso de metáforas en el discurso del profesor. El caso de las gráficas de funciones*. Tesis doctoral no publicada. Universitat de Barcelona.

BARCELÓ, R., BUJOSA, J. M, CAÑADILLA, J. L., FARGAS, M. & FONT, V. (2002). *Matemàtiques 1*. Barcelona, Spain: Castellnou.

BOLITE, J., ACEVEDO, J. & FONT, V. (2006). Metaphors in mathematics classrooms: Analyzing the dynamic process of teaching and learning of graph functions. In M. Bosch (Ed.), *Proceedings of the Fourth Congress of the European Society for Research in Mathematics Education* (pp. 82-91). Barcelona: Universitat Ramon Llull.

CARNAP, R. (1981). Empirismo, semántica y ontología. En J. Muguerza (Ed). *La concepción analítica de la filosofía* (pp. 400-419). Madrid: Alianza Universidad.

DESCARTES, R. (1986). *Meditations on first philosophy: with selections from the objections and replies*, Cambridge: Cambridge University Press.

DUVAL, R. (2008). Eight problems for a semiotic approach in mathematics education. In L. Radford, G. Schubring & F. Seeger (Eds.), *Semiotics in mathematics education: Epistemology, historicity, classroom, and culture*. Rotterdam, (pp. 39-62) The Netherlands: Sense Publishers.

FERREIRÓS, J. (1999). Matemáticas y platonismo(s). *Gaceta de la Real Sociedad Matemática Española*, 2, 446-473.

FISCHBEIN, E. (1993). The theory of figural concepts. *Educational Studies in Mathematics*, 24(2), 139-162.

FONT, V. Y CONTRERAS, A. (2008). The problem of the particular and its relation to the general in mathematics education. *Educational Studies in Mathematics*, 69, 33-52.

GARCÍA, M. (2008). *Significados institucionales y personales del límite de una función en el proceso de instrucción de una clase de primero de bachillerato.* Tesis doctoral no publicada. Jaén: Universidad de Jaén.

GODINO, J. D., BATANERO, C. Y FONT, V. (2007). The Onto-Semiotic Approach to Research in Mathematics Education. *Zentralblatt für Didaktik der Mathematik*, 39 (1-2), 127-135.

JOHNSON, M. (1991). *El cuerpo en la mente.* Madrid: Editorial Debate.

JONSON-LAIRD, P. N. (1987). Modelos mentales en ciencia cognitiva. En D. A. Norman (Ed.). *Perspectivas de la ciencia cognitiva* (pp. 179-231). Barcelona: Editorial Paidós.

KANT, I. (2003). *Crítica de la razón pura.* Buenos Aires: Editorial Losada

KITCHER, P. (1984). *The Nature of Mathematical Knowledge.* Oxford: Oxford University Press.

LAKOFF, G. Y JOHNSON, M. (1991). *Metáforas de la vida cotidiana.* Madrid: Editorial Cátedra.

LAKOFF, G. Y NÚÑEZ, R. (2000). *Where mathematics comes from: How the embodied mind brings mathematics into being.* New Cork: Basic Books.

MOORE, G. E. (1972). *Defensa del sentido común y otros ensayos.* Madrid: Taurus

NÚÑEZ, R., EDWARDS, L. & MATOS, J. F. (1999). Embodied cognition as grounding for situatedness and context in mathematics education. *Educational Studies in Mathematics*, 39, 45-65.

PIAGET, J. (2001). *Studies in Reflecting Abstraction,* Psychology Press, Hove, UK.

PIAGET, J. y Beth, E.W. (1980). *Epistemología matemática y psicología.* Barcelona: Crítica, Grupo Editorial Grijalbo

PIMM, D. (1981). Metaphor and analogy in mathematics. *For the Learning of Mathematics*, 1 (3), 47-50.

PIMM, D. (1987). *Speaking mathematically.* New York: Routledge and Kegan, Paul.

PRESMEG, N. C. (1997). Reasoning with metaphors and metonymies in mathematics learning'. In L. D. English (Ed.), *Mathematical reasoning: Analogies, metaphors, and images* (pp. 267-279). Mahwah, NJ: Lawrence Erlbaum Associates.

PUIG ADAM, P. (1965). *Curso de geometría métrica. Tomo I. Fundamentos*, Madrid: Nuevas Gráficas.

PYLYSHYN, Z. W. (1983). La naturaleza simbólica de las representaciones mentales. En M. V. Sebastián (Ed.). *Lecturas de psicología de la memoria* (pp. 367-384). Madrid: Alianza Universidad.

RADFORD. L. (2006). Elementos de una teoría cultural de la objetivación. *Revista Latinoamericana de Investigación en Matemática Educativa, Special Issue on Semiotics, Culture and Mathematical Thinking*, 103-129.

SRIRAMAN, B. Y ENGLISH, L. D. (2005). Theories of mathematics education: A global survey of theoretical frameworks/trends in mathematics education research. *Zentralblatt für Didaktik der Mathematik*, 37(6), 450-456.

SFARD, A. (2000). Steering (dis)course between metaphors and rigor: Using focal analysis to investigate an emergence of mathematical objects. *Journal for Research in Mathematics Education*, 31(3), 296-327.

WITTGENSTEIN, L. (1953). *Philosophische Untersuchungen/Philosophical Investigations*, New York: The MacMillan Company.

WITTGENSTEIN, L. (1978). *Remarks on the Foundations of Mathematics*. Oxford: Blackwell.

WITTGENSTEIN, L. (1990). *Conferencia sobre ética*. Barcelona: Paidós/ICE-UAB.

METÁFORAS EN CONTEXTOS DE RESOLUCIÓN DE ECUACIONES

Raquel Abrate
Marcel Pochulu
Vicenç Font Moll

Introducción

A pesar de la importancia que tienen las ecuaciones en el currículo, por diversas razones los alumnos no suelen contar con muchos recursos para resolverlas. La experiencia nos muestra que cuando los alumnos "creen" conocer todas las técnicas básicas, terminan utilizándolas indiscriminadamente sin analizar que por otros métodos el problema hubiese resultado más fácil y menos laborioso en su resolución. En este sentido, diversos estudios (Kieran, 1992; Rivero, 2000; Pochulu, 2005a, 2005b; Abrate, Pochulu y Vargas, 2006; Abrate, Font y Pochulu, 2007a, 2007b, entre otros) muestran que los estudiantes no están logrando una formación matemática adecuada en Álgebra.

Por otra parte, la investigación en Didáctica de la Matemática ha permitido resaltar la importancia que tienen las metáforas en el proceso de instrucción y, además, han puesto de manifiesto que cualquier reflexión sobre las metáforas tiene que tener presente la gran complejidad de factores relacionados con ellas. Por tanto, si bien es cierto que estamos interesados de entrada en la metáfora, también es cierto que somos plenamente conscientes de que dicha reflexión obliga a considerar conjuntamente, como mínimo, cuatro de los aspectos más característicos de la actividad matemática y de la emergencia de sus objetos: la dualidad extensivo-intensivo (particular-general), la representación, la metáfora y la contextualización- ---descontextualización.

Estos aspectos son, en nuestra opinión, instrumentos de conocimiento que comparten un mismo aire de familia y que, de alguna manera, hacen intervenir la relación A es B, la cual está presente en casi todas las metáforas. A su vez, éstas vienen a construir, inventar o fantasear, en cierta forma, sobre alguna analogía entre ámbitos diferentes.

En este sentido, en Abrate, Pochulu y Vargas (2006) se relata una situación que pone en evidencia el uso de metáforas en contextos de resolución de ecuaciones, aunque no se hace alusión explícita a ellas, cuando expresan que:

> Un error frecuente, hallado en las evaluaciones, deviene de inferencias o asociaciones incorrectas realizadas por los alumnos, las que se originan por la creación de nuevas "reglas" de transposición de términos a partir de las que conocían.
>
> Sabemos que existen fundamentos teóricos que sustentan las manipulaciones que permiten resolver determinado tipo de ecuaciones; pero en general, son sustituidos por abundantes reglas de transformación de ecuaciones que no tienen la validez general que explícita e implícitamente se les asignan. Por otra parte, si bien las reglas válidas normalmente son muy pocas, también es cierto que los alumnos tienden a sobrecargar la memoria con muchas de ellas, las que aplican mecánicamente y no siempre comprenden. Así, repiten como reglas nemotécnicas que "si está multiplicando hay que pasarlo dividiendo", "si está sumando se pasa restando" o "si está como potencia se pasa como raíz", ignorando que son una versión "simplificada" de las operaciones elementales aplicadas a igualdades, y se pierden en un sinnúmero de transposiciones de términos y cuentas cuando deben resolver ecuaciones como:
>
> $$1 + \frac{1}{x} - \frac{6}{x^2} = 0$$

cuando multiplicando a ambos miembros por x2 se obtendría x2 + x - 6 = 0. (pp. 114-115).

Si analizamos el discurso hablado y/o escrito (texto) utilizado por los alumnos en estos contextos, advertimos que hacen uso de metáforas, en el sentido que:

> (...) una expresión (término, grupo de términos o sistemas de enunciados) y las prácticas con ellas asociadas, habituales y corrientes en un ámbito de discurso determinado socio-históricamente, sustituye o viene a agregarse (modificándola) con aspiraciones cognoscitivo-epistémicas, a otra expresión (término, grupo de términos o sistemas de enunciados) y las prácticas con ellas asociadas en otro ámbito de discurso determinado socio-históricamente. (Palma, 2004, p. 56)

La situación planteada anteriormente nos llevó a formular nuestra primera pregunta directriz de investigación, la cual enunciamos de la siguiente manera:

¿Qué tipo de metáforas utilizan los alumnos en su discurso cuando resuelven ecuaciones?

Por otro lado, pensamos que muchas de las dificultades observadas en el proceso de enseñanza y aprendizaje de la Matemática están relacionadas con el hecho de que los objetos matemáticos institucionales presentan una complejidad de naturaleza intrínsecamente matemática, que está íntimamente relacionada con la "familia de instrumentos de conocimiento" mencionada anteriormente. En este sentido, y centrando la atención en los contextos de resolución de ecuaciones, en Abrate, Pochulu y Vargas (2006) y Pochulu (2005) se hace notar el hecho de que la resolución de ecuaciones desencadena una gran cantidad de errores en las producciones escritas de los alumnos, mostrando que el tema aún ofrece serias dificultades y, en muchos casos, falencias de conocimientos elementales sobre el mismo. En consecuencia, cabe preguntarnos:

¿Cuál es la relación que existe entre las metáforas utilizadas por los alumnos en su discurso, cuando resuelven ecuaciones, y las dificultades y obstáculos que se observan en dicha resolución?

Desde que Lakoff y Johnson pusieron de manifiesto la importancia del pensamiento metafórico, entendido como la interpretación de un campo de experiencias en términos de otro ya conocido (Lakoff y Johnson, 1991), el papel del pensamiento metafórico en la formación de los conceptos matemáticos es un tema que cada vez tiene más relevancia para la investigación en Didáctica de la Matemática (English 1997; Font y Acevedo, 2003; Lakoff y Núñez, 2000; Núñez 2000, 2004 y 2005; Presmeg, 1992, 1998, 2002 y 2004; Van Dormolen, 1991, entre otros). A su vez, debemos tener en cuenta que, dependiendo de las circunstancias contextuales y del juego de lenguaje en que nos encontramos, una misma expresión puede hacer alusión a un objeto personal o institucional. Así, por ejemplo, si hacemos referencia a una manifestación de un sujeto individual (como la respuesta a una prueba de evaluación o trabajo práctico, la consecución de una tarea escolar por un estudiante, etc.) hablamos de objetos personales que son portadores, al menos potencialmente, de rasgos característicos de conocimientos de la persona. Por el contrario, si nos referimos a documentos curriculares, libros de texto, explicaciones de un profesor ante una clase, etc., podemos considerar que están en juego objetos institucionales, en tanto tienen connotaciones normativas o convencionales, y son usados como una referencia en el proceso de enseñanza y aprendizaje.

Ahora bien, situándonos en la dimensión dual "personal / institucional" de un objeto matemático y pensando que el libro de texto es uno de los recursos más utilizado en la enseñanza, y que tiene una gran influencia a la hora de decidir qué y cómo enseñar, nos surgen como interrogantes:

* ¿Qué tipo de metáforas utilizan los libros de textos de matemática en las lecciones que tratan sobre la resolución de ecuaciones?
* ¿Guardan alguna relación las metáforas que emplean los alumnos y las que presentan o inducen los libros de texto de matemática para estos temas?

Pensamos que la búsqueda de respuestas a estos interrogantes no sólo contribuye eventualmente a una profundización de los estudios acerca de la metáfora, sino que también nos acerca al análisis de su potencial cognitivo y al alcance didáctico factible en los distintos niveles de educación matemática.

Marco teórico

No pretendemos efectuar en esta sección un análisis exhaustivo de los antecedentes que presenta nuestro trabajo, sino más bien introducir algunas reflexiones generales en torno al tema central de estudio y rescatar aspectos relevantes, que prevalecen en distintos trabajos empíricos sobre el uso de metáforas en la enseñanza y aprendizaje de la Matemática.

Con este objetivo, plantearemos inicialmente una revisión de las investigaciones más relevantes que abordan el uso de metáforas en el discurso del profesor y de los alumnos. Posteriormente, esbozaremos sucintamente la teoría contemporánea de la metáfora, del pensamiento metafórico y finalmente, algunos antecedentes importantes cuyo foco de estudio ha sido el uso de las metáforas en la educación matemática.

Asimismo, con el propósito de afrontar la complejidad que la investigación sobre las metáforas requiere, abordaremos muy brevemente nuestro segundo referente teórico, el cual lo constituye el Enfoque Ontológico y Semiótico (EOS) del conocimiento e instrucción matemática (Godino, Batanero y Font, 2007).

El discurso de la matemática escolar

En esta investigación partimos de la hipótesis de que el aprendizaje de la Matemática consiste en aprender a realizar una práctica y, sobre todo, una reflexión discursiva sobre ella que puede ser reconocida como Matemática por un interlocutor experto.

En la actualidad, el término *discurso* ha aparecido en la escena de la investigación, tanto en didáctica de las ciencias experimentales como en el campo de la educación matemática. Así, la argumentación y el discurso han sido ampliamente estudiados por la comunidad de investigadores en la enseñanza de las ciencias (Toulmin (1958), Perelman y Olbrechts-Tyteca (1968), Habermas (1987), Van Dyck (1978) entre otros), quienes han realizado análisis de un tipo de discurso específico a partir de marcos generales y, por otra parte, se han centrado, sobre todo, en el discurso dentro de un proceso de enseñanza y aprendizaje.

Actualmente, también ha aumentado considerablemente el interés en investigar el discurso en el aula de matemática, ya que se ha considerado que lo que se dice sobre las tareas matemáticas es tanto o más importante que las propias tareas. En los congresos internacionales existen grupos de trabajo específicos sobre este tópico, y muchas prestigiosas revistas han dedicado números monográficos al tema (por ejemplo, el volumen 46, números 1-3, del año 2001 de la revista *Educational studies in Mathematics*). Incluso han aparecido revistas internacionales específicas sobre este tema, como es el caso de la *Lettre de la prueve*, especializada en la enseñanza y el aprendizaje de la prueba matemática.

Hacemos notar que los estudios sobre el discurso en la educación matemática se han abordado desde diversas perspectivas, entre las cuales destacamos sólo algunas:

> Las que se han centrado en el discurso del docente (y también del alumno) cuando utiliza un razonamiento matemático para la demostración de teoremas en la clase. El interés en este tipo de estudios se centra en determinar cómo se consigue la validez del argumento. Por ejemplo, los trabajos de Bell (1976) y De Villiers (1993) que versan sobre las funciones de la demostración en la actividad matemática, o los más recientes de Ibáñez (2001) e Ibáñez y Ortega (2002), que profundizan en esta perspectiva.
>
> También Godino y Recio (1997), utilizando el marco ontosemiótico de la cognición e instrucción matemática, analizaron los rasgos característicos del significado de la noción de prueba en distintos contextos institucionales: Lógica y fundamentos de la Matemática, Matemática profesional, ciencias experimentales, vida cotidiana y clase de matemática. Concluyen en que el estudio de los problemas epistemológicos y didácticos que plantea la enseñanza de la prueba en la clase de matemática debe encuadrarse dentro del marco más general de las prácticas argumentativas humanas. Asimismo, se observa cómo, en los distintos niveles de enseñanza, se superponen los diversos significados institucionales de la prueba, lo que podría explicar algunas dificultades y conflictos cognitivos de los estudiantes con la prueba matemática.

Las que consideran el aprendizaje de la matemática como una iniciación a un cierto discurso bien definido (Sfard, 2001). Esta investigadora defiende que la comunicación debería ser vista no como una simple ayuda para el pensamiento, sino prácticamente como equivalente al propio pensamiento. Para Sfard hay dos factores que hacen al discurso matemático especial: primero, su apoyo excepcional en artefactos simbólicos, y segundo, por la meta-regla específica de cada hablante, que regula este tipo de comunicación. Las meta-reglas son constructos del observador y normalmente permanecen tácitas para los participantes del discurso.

Las que han adoptado un punto de vista sociocultural. Por ejemplo, Zack y Graves (2001) investigaron el discurso y su rol en el modo en que los niños y los maestros construyen el significado de la Matemática en un aula de quinto año (enseñanza básica). La perspectiva teórica de estos autores se basa principalmente en los trabajos de Vygotsky y Bakhtin sobre cómo las formas sociales del significado influyen en la cognición individual. En cada episodio que se describe en este trabajo se examina el proceso por el cual se construyen trayectorias individuales y de grupo, que les permiten explorar la relación entre discurso y conocimiento.

También, dentro de la perspectiva sociocultural, en el trabajo de Lerman (2001) se proponen dos niveles de análisis. Desde una perspectiva macroscópica es posible ver las prácticas matemáticas dentro de las cuales los sujetos se convierten en actores de las matemáticas escolares. A partir de una perspectiva microscópica es posible un estudio del tipo de mediación y de las trayectorias individuales dentro del aula. Dichos niveles de análisis tienen el propósito de abarcar la complejidad de los procesos de enseñanza y aprendizaje. Este trabajo presenta una psicología discursiva cultural para la educación matemática, que considera centrales el lenguaje y las prácticas discursivas.

Las perspectivas dialógicas cuyo objetivo es conseguir un consenso dentro de la comunidad del aula que vaya más allá del acuerdo entre sus miembros. Por ejemplo, los trabajos sobre el "juego de voces y ecos" realizados por Boero, Pedemonte y Robotti (1997) y Boero, Pedemonte, Robotti y Chiappini (1998) y

Garuti, Boero y Chiappini (1999). También, de modo más general, las que tienen en cuenta las múltiples voces que se pueden escuchar en la comunidad "aula de matemática" (Forman y Ansell, 2001).

Las investigaciones sobre el uso de metáforas en el discurso del profesor y de los alumnos. Recientemente, varios autores (Font y Acevedo, 2003; Lakoff y Núñez, 2000; Presmeg, 2004, entre otros) han puesto de manifiesto el importante rol que juega la metáfora en la enseñanza y el aprendizaje de la matemática.

De todas estas perspectivas, en esta investigación estamos especialmente interesados en este último enfoque. Nos interesa el uso de metáforas en el discurso del profesor y de los alumnos en tanto son usadas para la enseñanza y el aprendizaje de reglas institucionales con las que hacemos emerger los objetos matemáticos de los alumnos.

La teoría contemporánea de la metáfora

La metáfora ha constituido un motivo de reflexión teórica a lo largo de la historia, por lo que hoy en día disponemos de algunas ideas importantes sobre ella. De manera sucinta, estas ideas heredadas son:
* La metáfora es la aplicación a una cosa de un nombre que es propio de otra.
* La elaboración y comprensión de metáforas conlleva la captación de similitudes ocultas.
* La función y el origen de la metáfora es proporcionar placer estético al entendimiento.
* La metáfora es una clase de abuso verbal que ha de suprimirse del discurso propio del conocimiento.
* La metáfora constituye un elemento medular del lenguaje y su auténtica esencia.

Además, estas ideas heredadas se pueden agrupar en dos puntos de vista radicalmente diferentes:
* La metáfora es un accidente lingüístico marginal, con funciones comunicativas especializadas y ajenas al ámbito del conocimiento (un fenómeno a evitar).
* La metáfora encarna la auténtica naturaleza del lenguaje y del pensamiento (es el fenómeno central).

De acuerdo con el segundo punto de vista, los enfoques cognitivos y, en particular, el propuesto por la teoría contemporánea de la metáfora (Lakoff, Johnson, Turner, Núñez, entre otros) son los que, en nuestra opinión, tienen el protagonismo en las reflexiones actuales sobre ésta. Por tanto, el primer marco teórico utilizado en esta investigación es la teoría sobre "qué son las Matemáticas", propuesta por Lakoff y Núñez (2000). Su núcleo central está basado en la importancia que tiene el cuerpo sobre la mente, y en los relativamente recientes hallazgos en lingüística cognitiva.

Según esta teoría, el origen de la Matemática está, en última instancia, ligado a la forma corporizada y "enactiva"[1] de relacionarnos con el mundo, y entendemos las entidades abstractas por el papel mediador de las metáforas, que impregnan nuestro modo también metafórico de expresar y estructurar los conceptos. Su tesis principal afirma que al origen de las estructuras matemáticas que construyen las personas, y también las que se construyen en instituciones, hay que buscarlo en los procesos cognoscitivos cotidianos, sobre todo en el pensamiento metafórico.

Además, según estos autores, dichos procesos permiten explicar cómo la construcción de los objetos matemáticos, tanto los personales como los institucionales, está sostenida por la manera en que nuestro cuerpo se relaciona con los objetos de la vida cotidiana.

PENSAMIENTO METAFÓRICO

Según Lakoff y Núñez (2000), a la naturaleza de la Matemática hay que buscarla en las ideas de las personas, no en las demostraciones formales, axiomas y definiciones ni en mundos trascendentes platónicos. Estas ideas surgen de los mecanismos cognitivos y corporales de las personas. Por razones de tipo evolutivo, todos desarrollamos los mismos mecanismos cognitivos de los que surgen las ideas matemáticas. Debido a su origen común, éstas no son arbitrarias, no son el producto de convenciones completamente sociales y culturales, aunque los aspectos sociales e históricos juegan papeles importantes en la formación y desarrollo de estas ideas[2].

---

[1] La representación de la información se puede hacer mediante un conjunto de operaciones motoras o acciones apropiadas para alcanzar cierto resultado

[2] En Johnson (1991) se puede encontrar la justificación filosófica que permite a esta

A la pregunta ¿cuáles son las capacidades cognitivas, basadas en la importancia del cuerpo sobre la mente, que permiten a una persona pasar de las habilidades numéricas básicas innatas a un entender profundo y rico de, por ejemplo, la Matemática de una licenciatura universitaria de una facultad de ciencias? Lakoff y Núñez (2000) responden que éstas no son independientes del aparato cognitivo usado fuera de la disciplina. Según estos autores, la estructura cognitiva necesaria para la Matemática avanzada usa el mismo aparato conceptual que el pensamiento cotidiano en las situaciones ordinarias no matemáticas, esto es: "(…) esquemas de la imagen, esquemas aspectuales, fusiones conceptuales y la metáfora conceptual." (Núñez, 2000, p. 4). De todos estos procesos, en esta investigación nos vamos a centrar fundamentalmente en la metáfora conceptual y, en menor medida, en las fusiones conceptuales.

A su vez, en este trabajo asumimos, de acuerdo con Lakoff y Núñez (2000), la interpretación de la metáfora como la comprensión de un dominio en términos de otro. Además, nuestra representación del mundo está siempre influida por las metáforas que inyectamos en él, casi siempre de una manera inconsciente. La mayor parte de los seres humanos conceptualizamos cosas nuevas en términos de cosas ya conocidas. Por ejemplo, cuando entendemos el sentimiento de cariño por medio de la experiencia térmica utilizamos diferentes metáforas ("un caluroso abrazo" o "un cálido saludo"). Una posible explicación de estas metáforas, llamadas metáforas conceptuales, es que se sustentan en las experiencias fenoménicas que vive nuestro cuerpo para relacionarse con su entorno físico y culturaEn relación con la Matemática y su enseñanza y aprendizaje, distinguimos, de acuerdo a Lakoff y Núñez (2000), dos tipos de metáforas conceptuales.

* *Conectadas a tierra (Grounding).* Son las que relacionan un dominio (de llegada) dentro de la Matemática con un dominio (de partida) fuera de ella.

Este tipo de metáforas se manifiestan en el aula en dos direcciones diferentes. Por una parte, las metáforas que utiliza el profesor, de manera consciente o inconsciente, tienen por objetivo relacionar la Matemática con situaciones no matemáticas de la vida cotidiana de los

---

teoría distanciarse tanto del objetivismo realista como del relativismo.

alumnos para facilitar la comprensión de estos. Para ello, parte del dominio de la disciplina y busca un dominio de la vida diaria del alumno de manera que este último sirva para estructurar el objeto matemático que quiere enseñar. A su vez, los educandos utilizan su conocimiento de la situación cotidiana para comprender el contenido matemático (Figura 1). En este caso, el dominio de partida está fuera de la Matemática y el de llegada también es la propia Matemática.

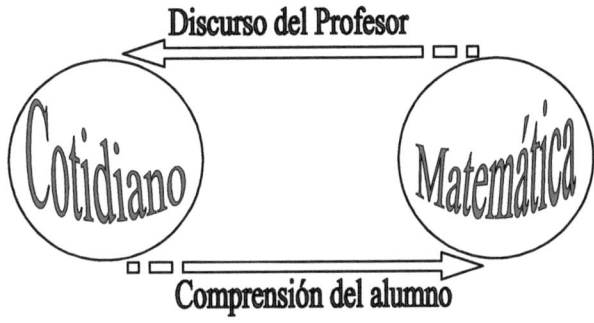

Figura 1: La metáfora en el aula de Matemática

* *De enlace (Linking)*. Tienen su dominio de partida y de llegada en la misma Matemática. Por ejemplo, "Los números reales son los puntos de una recta", "Las funciones de proporcionalidad directa son rectas que pasan por el origen de coordenadas", etc.

Algunos antecedentes en el estudio de metáforas en Educación Matemática

En Argentina existen pocos estudios acerca de la importancia del uso de metáforas en educación, y no hemos encontrado investigaciones aplicadas al campo de la Matemática. No obstante, a nivel internacional hallamos importantes trabajos que abordan la temática, y una revisión rápida de las investigaciones realizadas en este campo nos permite destacar que:

1) En Núñez, Edwards y Matos (1999) se muestra cómo el tipo

de metáfora que relaciona un objeto matemático con un campo no matemático de la vida cotidiana es básico para entender las dificultades cognitivas relacionadas con la continuidad de funciones.

2) Según Font (2000) las gráficas se han estructurado históricamente a partir de las siguientes metáforas: a) Las curvas son secciones, b) Las curvas son la traza que deja un punto que se mueve sujeto a determinadas condiciones, c) Las curvas son la traza que deja un punto que se mueve sujeto a determinadas condiciones y el análisis de estas condiciones permite encontrar una ecuación que cumplen los puntos de la curva, d) La grafica de una función f es el conjunto formado por los puntos de coordenadas $(x, f(x))$.

3) En Font y Acevedo (2003) y Acevedo, Font y Giménez (2003) se detectó el siguiente fenómeno, al analizar el discurso del profesor cuando explica la representación gráfica de funciones en el bachillerato: el profesor usa expresiones que sugieren, entre otras, metáforas del tipo: *"la gráfica de una función se puede considerar como la traza que deja un punto que se mueve sobre la gráfica"*. También se muestra que: a) El profesor usa de manera poco consciente estas metáforas y cree que sus efectos en la comprensión de sus alumnos son inocuos; b) Contrariamente a lo que cree el profesor, los alumnos estructuran su conocimiento sobre las funciones en los términos metafóricos que ha utilizado el profesor de manera inconsciente.

4) Por último, en Presmeg (2004) se hallan los resultados de un estudio sobre las metáforas utilizadas por los alumnos, relacionadas, entre otros, con el objeto "línea recta". Son metáforas del estilo: "una línea es un camino que no tiene final".

El enfoque ontosemiótico del conocimiento y la instrucción matemática

En diferentes trabajos, Godino y colaboradores -Godino y Batanero (1994); Godino (2002); Contreras, Font, Luque, Ordóñez (2005); Godino, Batanero y Roa (2005); Font y Ramos (2005); Godino, Contreras y Font (2006); Godino, Batanero y Font (2007); Ramos y Font (2006)- han desarrollado un conjunto de nociones teóricas que configuran un enfoque ontológico y semiótico del conocimiento e instrucción matemática (EOS). significados institucionales y personales, facetas duales, configuraciones epistémicas, cognitivas y didácticas, criterios de idoneidad de un proceso de instrucción, etc.

En el EOS se considera que la dialéctica personal-institucional está en la base de la emergencia de los objetos matemáticos, en el sentido de que el objeto institucional llama a la puerta del conocimiento personal para conseguir la emergencia del objeto personal. La manera de conseguir esta emergencia pasa por cuatro instrumentos de conocimiento[3], en los cuales juega un papel determinante el uso de "entidades vicariales o subrogatorias", ya que, en los procesos de enseñanza y aprendizaje de la Matemática, se intenta justificar el lenguaje matemático abstracto mediante otro lenguaje menos abstracto, y para ello se utilizan subsidiariamente analogías, representaciones, diagramas, contextualizaciones, modelizaciones, metáforas, entre otras.

Cabe aclarar que los constructos teóricos del EOS se han aplicado, en diferentes trabajos, también al estudio de las metáforas. Así, en Font, Godino y D'Amore (en revisión) se reflexiona sobre la naturaleza y diversidad de objetos que desempeñan el papel de representación y de objetos representados en la actividad matemática. Por otra parte, en Acevedo, Font y Bolite Frant (2006) se ha iniciado una reflexión teórica cuyo objetivo es situar la metáfora con relación a las cinco facetas duales contempladas en el enfoque ontosemiótico (expresión-contenido, institucional-personal, elemental-sistémica, extensivo-intensivo y ostensivo-no ostensivo).

En este trabajo, empleamos los instrumentos teóricos elaborados por el EOS para afrontar:
* La naturaleza de los objetos que intervienen en las representaciones.
* La distinción entre representaciones internas y externas.
* El problema de la representación del elemento genérico.
* El papel que desempeñan las representaciones de un mismo objeto en su emergencia.
* Los procesos de comprensión y su relación con la traducción entre diferentes representaciones.

---

[3] La dualidad extensivo-intensivo (particular-general), la representación, la metáfora y la contextualización-descontextualización.

Metodología

La investigación es de naturaleza diagnóstico-descriptiva y hermenéutica, y se realizó en dos fases claramente diferenciadas. Para la primera fase, y con la intención de dar respuestas a las dos primeras preguntas directrices del trabajo, diseñamos una secuencia de actividades para ser resueltas por los estudiantes, con la intención de:
* Analizar el discurso escrito que emplean los alumnos en contextos de resolución de ecuaciones.
* Poner en evidencia potenciales dificultades y obstáculos debidos al uso de metáforas en la resolución de ecuaciones.

Trabajamos con las producciones escritas de 429 estudiantes aspirantes a ingresar en la Universidad Nacional de Villa María (Argentina) durante el año 2007, mientras cursaban el Módulo de Matemática.

Para la segunda fase y con la intención de responder la tercera pregunta directriz del trabajo, analizamos 60 libros de Matemática que abordan la resolución de ecuaciones como tema de estudio. Estos libros pertenecen a las bibliotecas de los dos centros educativos encargados de la formación de profesores en la ciudad, y buscamos en ellos la presencia de los modelos y métodos que eran más utilizadas por los alumnos y que habían sido detectados en la primera fase de nuestro estudio. Básicamente, hicimos la distinción entre dos formas de resolver una ecuación:

Por propiedades o metáfora objetual (a un objeto matemático se lo dota de propiedades particulares). Ejemplo:
Resolver: $2(p+4) = 7p+2$.

Solución:

$2p+8 = 7p+2$ *(Propiedad distributiva).*

$2p = 7p-6$ *(Restando 8 de ambos miembros).*

$-5p = -6$ *(Restando 7p de ambos miembros).*

$$p = \frac{-6}{-5}$$ (Dividiendo ambos miembros entre –5).

$$p = \frac{6}{5}$$

Analizando los dominios de partida y llegada de esta metáfora, tenemos:

Dominio de partida	Dominio de llegada
Objeto físico	Ecuación
Propiedades del objeto	Propiedades de la ecuación
Objeto final que mantiene invariantes ciertas propiedades después de realizar determinadas acciones al objeto inicial	Ecuación equivalente

Por transposición de términos o metáfora operacional (a un objeto matemático se lo considera un dispositivo donde sus elementos se pueden "pasar", "cruzar", "quitar", "colocar", ser "llevados", "transferidos", "transformados" o "trasladados" de un lugar a otro bajo ciertas reglas). Ejemplo:

$$Resolver: (\sqrt{x} - 5)^2 = 25 .$$

Solución:

$\sqrt{x} - 5 = \sqrt{25}$ (Pasamos la potencia al otro miembro como raíz)

$\sqrt{x} - 5 = 5$ (Resolvemos la raíz)

$\sqrt{x} = 5 + 5$ (Pasamos el 5 sumando en el segundo miembro)

$\sqrt{x} = 10$ (Resolvemos la suma)

$x = 10^2$ (Pasamos la raíz como potencia al segundo miembro)

$x = 100$ (Resolvemos la potencia

En este caso, los dominios de partida y llegada de esta metáfora resultan:

Dominio de partida	Dominio de llegada
Origen	Signo igual
Objeto a la izquierda (un lado) del origen	Término a la izquierda (un lado) del signo igual
Objeto a la derecha (otro lado) del origen	Término a la derecha (otro lado) del signo igual
Colección de objetos a la izquierda del origen	Miembro de la izquierda del signo igual
Colección de objetos a la derecha del origen	Miembro de la derecha del signo igual
Cambiar de lado un objeto	Transponer (pasar) términos con la operación inversa

Resultados y discusión

Para la primera fase de la investigación, que tuvo como uno de sus objetivos analizar el discurso escrito que empleaban los alumnos en contextos de resolución de ecuaciones, analizamos las respuestas dadas a dos ejercicios de la secuencia de actividades que se diseñaron para el trabajo. Así, el ejercicio N° 1 proponía a los alumnos:

Supongamos que debes enseñarle a un compañero a resolver ecuaciones. Para ello te proponemos que resuelvas los ejemplos siguientes y escribas, como si fuera una ayuda para la otra persona, qué es lo que haces para hallar su solución.

a) $3 \cdot x - 1 = 5$

b) $\sqrt{x-2} = 3$

Donde no sólo se debía buscar su conjunto solución, sino también explicar los procedimientos que se llevaban a cabo.

El ejercicio N° 2, en tanto, exponía la resolución de dos ecuaciones, tal como aparecen en la mayoría de los libros de textos de matemática, y se le solicitaba a los estudiantes que dieran las explicaciones de los procedimientos que se pudieron haber empleado para hallar el conjunto solución.

Otros compañeros han trabajado de la siguiente manera. Te pedimos que nos expliques lo que han realizado en cada paso.

a) $\dfrac{3 \cdot x - 5}{2} + 4 = 6$

$\dfrac{3 \cdot x - 5}{2} = 2$ ....

$3 \cdot x - 5 = 4$ ....

$3 \cdot x = 9$ ....

$x = 3$ ....

b) $\sqrt{x} - 3 = 1$

$\sqrt{x} - 3 + 3 = 1 + 3$ ....

$\sqrt{x} = 4$ ....

$\left(\sqrt{x}\right)^2 = (4)^2$ ....

$x = 16$ ....

Analizando la información emergente de la resolución de estas actividades, hallamos que 372 alumnos (79,7%) emplean, de manera explícita, la transposición de términos para explicar la resolución de ecuaciones. Además, la cantidad de alumnos se incrementa si incluimos a aquellos que de manera implícita usan este tipo de método. En este último caso, aludimos a quienes no dan explicaciones de la resolución que llevan a cabo y tampoco evidencian el uso de propiedades, o aquellos que brindan explicaciones muy vagas, a los que no resulta posible encuadrarlos en alguna categoría particular.

No obstante, si se tienen en cuenta a los alumnos que emplearon transposición de términos o metáfora operacional en su discurso escrito para ambos ejercicios, ya sea de manera explícita o que inducen a ellas, el total asciende a 402, esto es, el 93,7% del total (Gráfico 1).

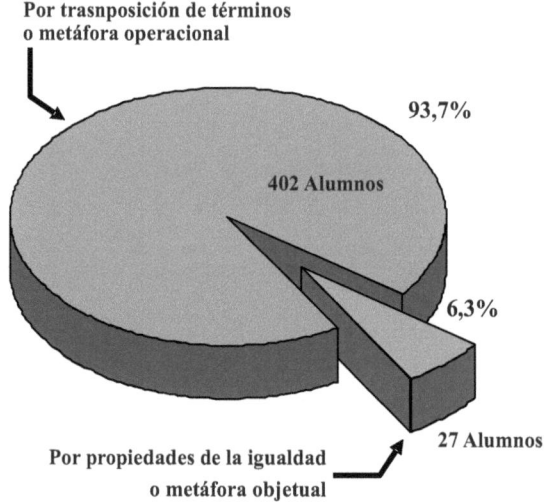

Gráfico 1: Métodos de resolución de ecuaciones que emplean los alumnos

El empleo de la transposición de términos, o una metáfora operacional, lleva a que los alumnos consideren a una ecuación como un dispositivo donde los términos y números se pueden "pasar", "cruzar", "quitar", "colocar", ser "llevados", "transferidos", "transformados" o "trasladados" de un miembro a otro.

Tal como expresan Lakoff y Núñez (2000), aquí las metáforas pueden ser interpretadas como la comprensión de un dominio en términos de otro, y vienen a conformar metáforas conectadas a tierra (*grounding metaphors*), en tanto relacionan un dominio (de llegada) dentro de la Matemática con un dominio (de partida) fuera de ella.

Entre estas metáforas, se destacan las ontológicas. Un primer tipo es la "objetual", que tiene su origen en nuestras experiencias con objetos físicos, y permite considerar acontecimientos, actividades, emociones, ideas, etc. como si fueran entidades (objetos, cosas, etc.) o sustancias. Nuestra experiencias en el mundo de las cosas nos permite considerar un objeto separado de su entorno, y a partir de dichas experiencias se genera el esquema de imagen objetual, dominio de partida que se proyecta al mundo de las entidades matemáticas. Dicha metáfora conceptual se puede concretar en diferentes expresiones metafóricas, tal como lo reflejan los fragmentos de los discursos escritos por los alumnos, que extractamos de las respuestas que brindaron a los ejercicios 1 y 2:

Debes despejar la incógnita (x) llevando los demás números al otro término cambiándole su signo.

Así la suma se transforma en resta.

Primero cambio de lugar el – 1 para el otro lado con +1.

Pasamos la raíz cuadrada que se transforma en exponente del resultado.

Pasamos al otro miembro con la operación contraria a la radicación que es la potenciación.

Pasamos al otro término con la operación opuesta a la que realizan.

Cuando trasladamos de un término a otro invertimos el signo.

Se pasa al otro miembro el término que esté menos relacionado con la incógnita, haciendo la operación inversa.

Colocamos x del otro lado de la igualación.

Hay que transferir términos de un miembro a otro, invirtiendo la operación.

Es de destacar que los alumnos utilizan las expresiones "términos" y "miembros" de una ecuación como equivalentes, y que aparecieron gran cantidad de errores en la resolución de las ecuaciones, pues aplican equivocadamente estas reglas de transposición de términos que sustentan en su discurso.

Como segundo objetivo de la primera fase de investigación, nos propusimos poner en evidencia potenciales dificultades y obstáculos debidos al uso de la transposición de términos en la resolución de ecuaciones. Con este propósito, solicitamos en el ejercicio 3 que se determinara el número de ecuaciones presentes en la resolución del ejercicio anterior (el número 2). Sosteníamos, como hipótesis muy fuerte, que el uso de la transposición de términos o metáforas operacionales para resolver ecuaciones podría llegar a impedir que se distinguieran las ecuaciones equivalentes.

Pudimos constatar que sólo 25 alumnos (5,8%) distinguieron las 5 ecuaciones presentes en el ejercicio y el resto lo hizo desacertadamente (94,2%). Quienes sólo distinguen una ecuación, argumentan en términos de:

Porque hay una sola incógnita.

Porque hay una sola igualdad con una incógnita.

Porque el resultado que tengo que determinar es de una sola x.

Porque siempre se resuelve la misma.

Un importante número de alumnos (32,8%) argumenta distinguir sólo 4 ecuaciones, en tanto la última ($x = 3$ o $x = 16$) es considerada sólo un "resultado" y no una ecuación. Algunos argumentos que esgrimieron para esta decisión fueron:

Porque en los primeros pasos la incógnita no está sola, lo que hace que sigan manteniéndose las ecuaciones.

Porque todavía no se sabe cuánto vale x.

Porque en cada una de ellas, la x no tiene valor.

Porque en la última, la incógnita ya está encontrada o resuelta.

Porque en los primeros pasos hay una incógnita.

Porque en los primeros pasos siempre hay que encontrar el valor de una incógnita.

Porque en las primeras hay una incógnita. Siempre que hay una incógnita (x) es una ecuación.

Porque se fue haciendo por pasos y la ecuación es más chica hasta llegar al resultado.

El ejercicio 4 de la guía de actividades, en tanto, involucraba la resolución de tres ecuaciones de segundo grado equivalentes en su conjunto solución:

Encuentra los valores de x que satisfacen cada ecuación [Ayuda: Recuerda que si ax2+bx+c=0 entonces las raíces de esta ecuación pueden obtenerse mediante la expresión $\dfrac{-b \pm \sqrt{b^2 - 4ac}}{2a}$]

a) $x^2 - 5x + 6 = 0$

b) $-x^2 + 5x - 6 = 0$

c) $\dfrac{1}{10}x^2 - \dfrac{1}{2}x + \dfrac{3}{5} = 0$

En las dos primeras se presentaba con coeficientes enteros, mientras que la última con coeficientes racionales no enteros. Nuestras hipótesis previas establecían que los alumnos que sólo utilizan la transposición de términos en contextos de resolución de ecuaciones no advertirían la equivalencia y que, por otro lado, el trabajo con números racionales los llevaría a cometer errores, o a desistir de realizar el ejercicio. Cabe hacer notar que los alumnos no contaban con calculadoras para la resolución de las ecuaciones propuestas.

Tal como lo esperábamos, el 82,5 % (354 alumnos) presentaron dificultades para hallar el conjunto solución de una ecuación de segundo grado con coeficientes racionales no enteros, y ninguno de los estudiantes trabajó con ecuaciones equivalentes[4].

Por último, el ejercicio 5 planteaba hallar el conjunto solución de una ecuación racional $\left(3 - \dfrac{1}{x} = \dfrac{5}{x}\right)$ que fácilmente podía ser resuelta si se buscaba una ecuación entera equivalente a ella. Esto se lograba si se multiplicaba a ambos miembros de la igualdad por la variable que intervenía[5], lo que conllevaba a la ecuación que proponía el ejercicio 1, inciso "a" (3x − 1 = 5).

Sólo 91 alumnos resuelven correctamente la ecuación (21,2%) y 2 de ellos se valen de propiedades (metáfora objetual) para hallar una ecuación equivalente más sencilla de resolver (multiplicaron ambos miembros

---

[4] Multiplicando por 10 a ambos miembros de la igualdad se podía determinar que la ecuación planteada en el inciso "b" era equivalente en su conjunto solución a la del inciso "a".

[5] Debe tener presente el lector que multiplicar a ambos miembros de una ecuación por una expresión que involucre la variable puede conducir a ecuaciones no equivalentes, aunque en este caso, sí resultaban serlo.

por la variable). El resto, 338 alumnos (78,8%), no logra tener éxito en la búsqueda del conjunto solución y emplea con errores la transposición de términos. Asimismo, es de destacar que ningún alumno realizó un análisis retrospectivo de la solución, aún entre quienes lo resolvieron correctamente, que permitiera determinar si el conjunto solución era el apropiado.

Si analizamos estos tres últimos ejercicios en forma conjunta, podemos percibir que a la mayoría de los estudiantes (aproximadamente un 80%) se les presentaron obstáculos insoslayables en la resolución de ecuaciones, que podían haber sido fácilmente salvables si se hubiesen utilizado propiedades de la igualdad (metáfora objetual).

Culminada la primera fase de la investigación, iniciamos la segunda, que involucró el análisis de 60 textos de matemática que discriminamos por nivel educativo (secundario o universitario). Hallamos que sólo un 15,5% de los libros de texto de matemática para el nivel secundario enfoca la resolución de ecuaciones mediante propiedades o metáfora objetual (Figura 1), mientras que los restantes (84,5%) se valen de la transposición de términos o metáforas operacionales (Figura 2), o inducen a su uso (Figura 3).

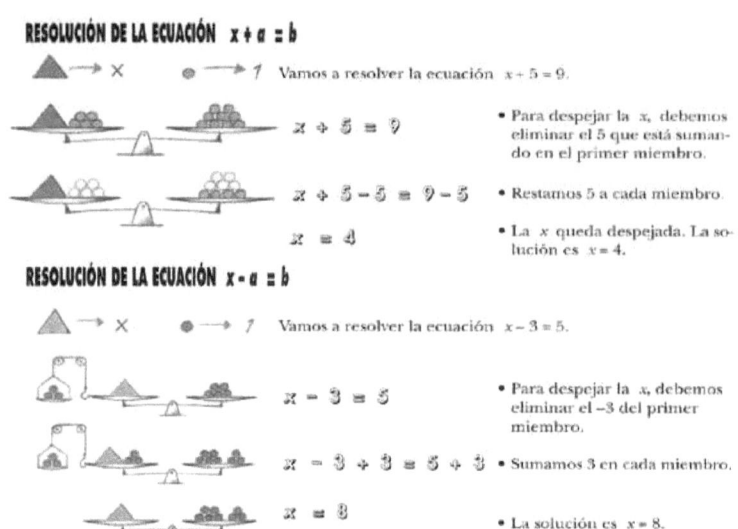

Figura 1: Resolución de una ecuación por propiedades

Ecuaciones

Para resolver ecuaciones de primer grado es indispensable seguir un plan de trabajo.
Ejemplo:

$$\left(\sqrt{x \cdot 5}\right)^2 = 25$$

$\sqrt{x \cdot 5} = \sqrt{25}$ ⟶ la potencia al cambiar de miembro se transforma en la operación opuesta

$\sqrt{x \cdot 5} = 5$ ⟶ reducimos la raíz

$\sqrt{x} = 5 + 5$ ⟶ pasaje de término

$x = 10^2$ ⟶ la raíz, al cambiar de miembro, se transforma en potencia

$\boxed{x = 100}$

Verificación

$\left(\sqrt{100 \cdot 5}\right)^2 = 25$
$(10 \cdot 5)^2 = 25$
$5^2 = 25$
$25 = 25$

Figura 2: Resolución de una ecuación por transposición de términos

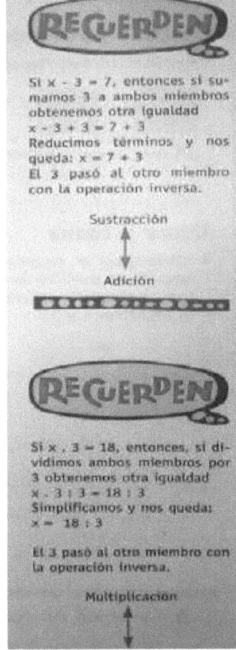

Figura 3: Resolución de una ecuación donde se induce a la transposición de términos

De todos modos, podemos hacer una distinción entre estos modelos o métodos de resolución de ecuaciones que utilizan los textos escolares de matemática para el nivel secundario, pues consideramos que no influyen del mismo modo en la cognición individual de los alumnos, las metáforas operacionales asociadas a la transposición de términos (*El número que está sumando en un miembro de una igualdad pasa restando al otro, el que está multiplicando pasa dividiendo, etc.*) o aquellas que intentan mostrar una analogía entre las ecuaciones y un subibaja o balanza. En este último caso, pensamos que si bien la metáfora *"una ecuación es como un subibaja o balanza"* no lleva a pensar que se están empleando propiedades o reglas propias del tema en cuestión, pero sí creemos que conlleva a una mejor captación de similitudes ocultas entre dominios que se encuentran fuera y dentro de la Matemática.

En el análisis de textos para el nivel superior universitario, hallamos que un 60% de ellos enfocan la resolución de ecuaciones aplicando exclusivamente propiedades (metáfora objetual) y sólo uno de los libros emplea reglas de transposición de términos (metáfora operacional) luego de haber presentado las propiedades de la igualdad.

Por último, si tenemos en cuenta los modelos y métodos de resolución de ecuaciones que utilizan los libros de texto de matemática, debemos destacar que existe una estrecha relación entre las metáforas que emplean los alumnos y las que presentan, o inducen, los mismos.

Conclusiones

En este trabajo hemos puesto de manifiesto que los estudiantes utilizan fundamentalmente la transposición de términos como método de resolución de ecuaciones. Este modelo, apoyado en metáforas operacionales, que seleccionan, acentúan, suprimen y reorganizan ciertos rasgos característicos de la resolución de ecuaciones, dejan abiertas las puertas para que una ecuación pueda ser considerada como un objeto o dispositivo donde los términos y números se pueden "pasar" de un miembro a otro, bajo ciertas condiciones y reglas específicas. A su vez, hallamos que este modelo es el más utilizado por los textos escolares de matemática para el nivel secundario, no ocurriendo de este modo con los del nivel superior o universitario.

Por otra parte, notamos que la forma de proceder de los alumnos frente a la resolución de ecuaciones, y de muchos textos escolares del nivel secundario, no se condice con el modo en que es presentado el tema en los libros del nivel universitario. En estos últimos, pareciera existir un mayor grado de conciencia de las implicancias educativas que tiene el uso de ciertos métodos, como la transposición de términos, y posiblemente por esta razón, abordan el tema predominantemente por medio de las propiedades de la igualdad (metáfora objetual).

Finalmente, también nos fue posible verificar que el uso de transposición de términos en la resolución de ecuaciones no es inocuo para el aprendizaje de los estudiantes, en tanto conlleva a dificultades que no todos logran superar. Con esto no estamos diciendo que no debe emplearse este modelo en contextos de resolución de ecuaciones, sino más bien, que los profesores deben tomar conciencia de sus efectos a fin de seleccionar aquellos métodos que sirvan para estructurar más adecuadamente el objeto matemático que se quiere enseñar.

Referencias Bibliográficas

ABRATE, R; POCHULU, M y VARGAS, J. (2006). *Errores y dificultades en Matemática: análisis de causas y sugerencias de trabajo.* Buenos Aires: Universidad Nacional de Villa María.

ABRATE, R; FONT, V y POCHULU, M. (2007a). Metáforas utilizadas en contextos de resolución de ecuaciones. En: *Memorias de la XII Conferencia Interamericana de Educación Matemática* (15 al 18 de julio de 2007). CIEM. Santiago de Querétaro. México.

ABRATE, R; FONT, V y POCHULU, M. (2007b). *Implicancias educativas del uso de metáforas en contextos de resolución de ecuaciones.* En: Memorias de la XXX Reunión de Educación Matemática. (17 al 22 de septiembre de 2007). UMA y FAMAF. Córdoba, Argentina.

ACEVEDO, J y FONT, V (2004). *Análisis de las metáforas utilizadas en un proceso de instrucción sobre representación de gráficas funcionales.* En: Castro, E y Torre de la, E (Eds.) Investigación en Educación Matemática. Octavo Simposio de la Sociedad Española de la Investigación en Educación matemática (SEIEM) Coruña: Universidad de Coruña, pp 155-163.

ACEVEDO, J; FONT, V y BOLITE FRANT, J (2006). *Metáforas y funciones semióticas: El caso de la representación gráfica de funciones.* En Contreras, A; Ordóñez, L. y Batanero, C. (Eds.). Investigación en Didáctica de la Matemática. Primer Congreso Internacional sobre Aplicaciones y Desarrollos de la Teoría de las Funciones Semióticas en Didáctica de las Matemáticas. Jaén: Universidad de Jaén. pp 384-399.

ACEVEDO, J; FONT, V y GIMÉNEZ, J (2004). *Class Phenomena related with the use of metaphors, the case of the graph of functions.* En: Giménez, J; Fitzsimons, G y Hahn, C (Eds.). A challenge for mathematics education: To reconcile commonalities and differences. CIEAEM 54. Barcelona: Graó, pp 344-350.

BELL, A W (1976). A study of pupils' proof-explanations in mathematical situations. *Educational Studies in Mathematics*, 7, pp. 23-40.

BOERO, P; PEDEMONTE; B y ROBOTTI, E (1997). Approaching Theoretical Knowledge through Voices and Echoes: a Vygotskian Perspective. *Proceedings of the 21st Conference of the Internatio-*

nal Group for the Psychology of Mathematics Education. Lahti: Finland, 1997, Vol 2, pp. 81-88.

BOERO, P; PEDEMONTE, B; ROBOTTI, E y CHIAPPINI, G (1998). The "Voices and Echoes Game" and the interiorization of crucial aspects of theoretical knowledge in a Vygotskian perspective: *Ongoing research Proceedings of the 22nd Conference of the International Group for the Psychology of Mathematics Education.* Stellenbosch: South Africa 1998, Vol 2, pp. 120-127.

BOLITE FRANT, J. et al. (2004). *Reclaiming visualization: when seeing does not imply looking.* TSG 28, ICME 10, Denmark.

BOLITE FRANT, J; ACEVEDO, J y FONT, V (2005). Cognição corporificada e linguagem na sala de aula de matemática: analisando metáforas na dinâmica do processo de ensino de gráficos de funções. *Boletim GEPEM*, 46, pp. 41-54.

CERDA, H. (2000). *Los elementos de la investigación.* El Búho: Bogotá.

COHEN, L y MANION, L. (1990). *Métodos de Investigación Educativa.* Madrid: La Muralla S A.

CONTRERAS A; FONT, V; LUQUE, L y ORDÓÑEZ, L (2005). Algunas aplicaciones de la Teoría de las Funciones Semióticas a la Didáctica del Análisis Infinitesimal. *Recherches en Didactique des Mathématiques*, 25 (2), pp.151-186.

DE VILLIERS, M. (1993). *El papel y la función de la demostración en Matemáticas.* Epsilon, 26, pp.15-30.

ENGLISH, L. D. (Editor) (1997). *Mathematical reasoning: Analogies, metaphors, and images.* Mahwah, N J: Erlbaum.

FILLOY, E (1987). Modeling and teaching of Algebra. En J.C. Bergeron, N, Hercovics & C. Kieran (editores). *Proceedings of PME-XI.* Montreal: Canada. Vol.1, 295-300.

FILLOY, E y ROJANO, T. (1985a). Obstructions to the acquisition of elemental algebraic concepts and teaching strategies. En L. Streefland (Editor). *Proceedings of PME-IX,* OW & OC. Holanda: State University of Utrech, 154-158.

FILLOY, E y ROJANO, T. (1985b). Operating the unknown and models of teaching. En S. Damarin y M. Shelton (Editores). *Proceedings of PME-NA VII.* Ohio: Columbus, 75-79.

FILLOY, E y ROJANO, T. (1989). Solvong equations: the transition from arithmetic to algebra. *For the learning of Mathematics*. 9(2), 19-25.

FONT, V. (2000). *Procediments per obtenir expressions simbòliques a partir de gràfiques Aplicacions a les derivades*. Tesis doctoral no publicada. Universitat de Barcelona.

FONT, V. (2005). *Una aproximación ontosemiótica a la didáctica de la derivada*. En: A Maz, A; Gómez, B. y Torralba, M. (Eds). Investigación en Educación Matemática. Noveno Simposio de la Sociedad Española de Investigación en Educación Matemática. Córdoba: Universidad de Córdoba. pp 109-128.

FONT, V. (2007). *Cuatro instrumentos de conocimiento que comparten un aire de familia: particular-general, representación, metáfora y contexto*. En: Acta de la 20 Reunión Latinoamericana de Matemática Educativa, 20, 55-60.

FONT, V y ACEVEDO, J I (2003). *Fenómenos relacionados con el uso de metáforas en el discurso del profesor: El caso de las gráficas de funciones*. Enseñanza de las Ciencias, 21, 3, pp. 405-418.

FONT, V; ACEVEDO, J y BOLITE FRANT, J (en prensa). El uso de metáforas en el proceso de enseñanza-aprendizaje de la representación gráfica de funciones. En: Badillo y Couso (Eds). *Reflexiones para la enseñanza de las Matemáticas y de las Ciencias Experimentales*. Bogotá: Universidad Pedagógica de Colombia.

FONT, V y GODINO, J D (2006). La noción de configuración epistémica como herramienta de análisis de textos matemáticos: su uso en la formación de profesores. *Educaçao Matematica Pesquisa* (en prensa).

FONT V, GODINO J D, y D'AMORE, B (en revisión). *An ontosemiotic approach to representations in mathematics education For the Learning of Mathematics*.

FONT, V y RAMOS, A B (2005). Objetos personales matemáticos y didácticos del profesorado y cambio institucional: El caso de la contextualización de funciones en una Facultad de Ciencias Económicas y Sociales. *Revista de Educación*, N 338, pp. 309-346.

FORMAN, E y ANSELL, E (2001). *The multiple voices of mathematics classroom commuty Educational studies in mathematics.* 46, pp.1-3, 115-142.

GARUTI, R; BOERO, P y CHIAPPINI, G (1999). Bringing the voice of Plato in the classroom to detect and overcome conceptual mistakes. *Proceedings of the 23nd Conference of the nternational Group for the Psychology of Mathematics Education*, Haifa, Israel 1999, Vol 3, pp. 9-16.

GODINO, J. D. (2002). *Un enfoque ontológico semiótico de la cognición matemática.* RDM. 22(2/3), 237-284.

GODINO, J. (2003). *Teoría de las Funciones Semióticas: Un enfoque ontológico-semiótico de la cognición e instrucción matemática.* Universidad de Granada. GODINO, J. D; BATANERO, C y FONT, V. (2007). *The Onto-Semiotic Approach to Research in Mathematics Education.* ZDM. 39, 1/2, 127-125.

GODINO, J D y BATANERO, C (1994). Significado institucional y personal de los objetos matemáticos. *Recherches en Didactique des Mathématiques*, Vol 14(3), pp pp. 325-355.

GODINO, J D, BATANERO, C y ROA, R (2005). An onto-semiotic analysis of combinatorial problems and the solving processes by university students. *Educational Studies in Mathematics*, 60 (1). pp. 3-36.

GODINO, J D; BATANERO, C y FONT, V (2007). The onto-semiotic approach to research in Mathematics Education. *ZDM. The International Journal on Mathematics Education*, Vol. 39 (1-2). 127-135.

GODINO, J. D; CONTRERAS, A y FONT, V. (2006). *Análisis de procesos de instrucción basado en el enfoque ontológico- semiótico de la cognición matemática.* RDM. 26, 1, 39-88.

GODINO, J D y RECIO, A M (1997). Meaning of proofs in mathematics education. Actas PME XXI (Vol 2, pp 313-320) Lahti, Finland.

HABERMAS, J *(1987). Teoría de la Acción Comunicativa I Racionalidad de acción y racionalización social.* Madrid: Taurus.

HERCOVICS, N. (1980a). *Constructing meaning for linear equations: a problem of representation.* RDM. 1, 3, 351-385.

HERCOVICS, N. Y KIERAN, C. (1980b), Constructing meaning for the concept of equation. J. Math. Teacher Educ. 73(8), 572-580.

HERCOVICS, N y LINCHEVSKI, L. (1994), A cognitive gap between arithmetic and algebra. Educ Stud Math. 27, pp. 59-78.

IBÁÑEZ, M J (2001) *Un ejemplo de demostración en Geometría como medio de descubrimiento.* Suma, 37, pp. 95-98

IBÁÑEZ, M J y ORTEGA, T *(2002). La demostración en el currículo: una perspectiva histórica.* Suma, 39, pp. 53-61.

IBARRA, A (2000). La naturaleza vicarial de las representaciones. En Ibarra y Mormann (Eds.), *Variedades de la representación en la ciencia y en la filosofía.* Barcelona: Ariel, pp. 23-40

JOHNSON, M (1991). *El cuerpo en la mente.* Madrid: Debate.

KIERAN, C. (1981) Concepts associated with the equality symbol. Educ Stud Math. 12, 317-326.

KIERAN, C. (1992). The learning and teaching of school algebra. In: Grouws, D.A. *Handbook of Research on Mathematics Teaching and Learning.* Macmillan. New York.

LAKOFF, G y JOHNSON, M (1991). *Metáforas de la vida cotidiana* Madrid: Cátedra.

LAKOFF, G y NÚÑEZ, R (2000). *Where mathematics comes from: How the embodied mind brings mathematics into being.* New York: Basic Books.

LERMAN, S. (2001). Cultural, discursive psychology: A sociocultural approach to studies the teaching and learning of mathematics. Educ Stud Math. 46, 1-3, 87-113.

NÚÑEZ, R (2000). Mathematical idea analysis: What embodied cognitive science can say about the human nature of mathematics. En: Nakaora, T y Koyama, M (eds). *Proceedings of the 24th Conference of the International Group for the Psychology of Mathematics Education.* Hiroshima: Hiroshima University. Vol 1, pp 3-22.

NÚÑEZ, R (2004). Do Real Numbers Really Move? Language, Thought, and Gesture: The Embodied Cognitive Foundations of Mathematics. En Hersh, R. (Ed), *18 Unconventional Essays on the Nature of Mathematics.* New York: Springer. pp 160-181.

NÚÑEZ, R (2005). *Creating Mathematical Infinities: The Beauty of Transfinite Cardinals Journal of Pragmatics*, 37, pp. 1717-1741.

NÚÑEZ, R; EDWARDS, L y MATOS, J F (1999). Embodied cognition as grounding for situatedness and context in mathematics education. Educ Stud Math. 39, 45-65.

OTTE, M (2001). *Epistemologia matemática de un ponto de vista semiótico.* Eduaçao Matemática Pesquisa, 3(2), pp. 11-58.

PALMA, H. (2004). *Metáforas en la evolución de las ciencias.* Buenos Aires: Jorge Baudino.

PEIRCE, C S (1965). *Collected papers Cambridge,* MA: Harvard University Press.

PERELMAN, C y OLBRECHTS-TYTECA, L (1968). *Traité de l'argumentation.* Bruselas Éditions de L'Université de Bruxelles.

POCHULU, M. (2005a). Análisis y categorización de errores en el aprendizaje de la Matemática en alumnos que ingresan a la Universidad. *RIE.* Vol. 35.

POCHULU, M. (2005b). Continuidades y discontinuidades en la enseñanza de la matemática de tres generaciones. Estudio de caso: sexto año de estudio en una escuela primaria. *RIE.* Vol. 36/1.

PRESMEG, N C (1992). Prototypes, metaphors, metonymies, and imaginative rationality in high school mathematics. *Educational Studies in Mathematics,* 23 (6), pp. 595-610.

PRESMEG, N (1998). Metaphoric and Metonymic Signification in Mathematics. *Journal for Mathematical Behaviour,* 17, pp. 25-32.

PRESMEG, N C (2002). Mathematical idea analysis: A science of embodied mathematics - A review of where mathematics comes from: How the embodied mind brings mathematics into being. *Journal for Research in Mathematics Education,* 33, pp. 59-63.

PRESMEG, N C (2004). Use of personal metaphors in the learning of mathematics. TSG 25, ICME 10, Denmark [http://www icme-organisers dk/tsg25/]

RAMOS, A B y FONT, V (2006). Contesto e contestualizzazione nell'insegnamento e nell'apprendimento della matematica: Una prospettiva ontosemiotica. *La Matematica e la sua didattica,* 20 (4), pp. 535-556.

RIVERO, F. (2000). Resolviendo las ecuaciones lineales con el uso de modelos. *Notas de Matemática. Revista del Departamento de Matemática de la Facultad de Ciencias.* Universidad de Los Andes, Mérida - Venezuela. Vol. 1, N°. 201.

SFARD, A (2001). There is more to discourse than meets the ears: Looking at thinking as communicating to learn more about mathematical leaning. *Educational studies in mathematics.* 46, pp.1-3, 13-57.

SRIRAMAN, B y ENGLISH, L D (2005). Theories of Mathematics Education: A global survey of theoretical frameworks/trends in mathematics education research. *International Reviews on Mathematical Education.* (ZDM) 37(6), pp. 450-456.

TOULMIN, S (1958). *The Uses of Argument.* Cambridge: Cambridge University Press.

VAN DIJK, T A (1978). *La ciencia del texto.* Barcelona: Paidós.

VAN DORMOLEN, J (1991). Metaphors Mediating the Teaching and Understanding of Mathematics. En: Bishop, A J y Melling Olsen, S (Eds.), *Mathematical Knowledge: ItsGrowth Through Teaching.* Dordrecht : Kluwer A P, pp 89-106.

VV AA (2006). In: Sáenz-Ludlow, N A y Presmeg, N (Eds). Semiotic perspectives on learning mathematics and communicating mathematically. Special Issue. *Educational Studies In Mathematics,* 61, pp 1-296.

WITTGENSTEIN, L (1953). *Investigaciones filosóficas.* Barcelona: Crítica.

ZACK, V, y GRAVES, B (2001). Making mathematical meaning through dialogue: "Once you think of it, the z minus three seems pretty weird". In: Kieran, C; Forman, E y Sfard, A (Eds.). Bridging *the individual and the social: Discursive approaches to research in mathematics education. Special Issue.* Educational Studies in Mathematics, 46(1-3), pp 229-271.

Metáforas y Pedagogía: Las metáforas como pistas sobre el sentido de la educación

Silvia Paredes

Introducción

En este trabajo nos proponemos analizar metáforas de diferentes momentos del discurso político-pedagógico para desentrañar los sentidos que imperan sobre la educación, que se han vuelto predominantes en ese momento histórico.

Las metáforas nos ofrecen un camino de acceso a esos sentidos –de allí que las denominemos *pistas*– y vamos a intentar recorrer algunas de ellas.

Inicialmente, señalaremos algunas maneras de entender y conceptualizar a las metáforas, luego explicitaremos relaciones entre metáfora y pedagogía para, en un tercer momento, indagar metáforas de ayer y de hoy.

En este tercer apartado analizaremos metáforas predominantes en el discurso hegemónico del momento fundante del sistema educativo nacional –tomando expresiones de textos de Sarmiento– , luego metáforas que circulan actualmente –tomando expresiones que titulan textos actuales de gran difusión– y finalmente consideraremos metáforas que producen futuros docentes –en etapa de formación– sobre lo que son las instituciones educativas.

El análisis de estas metáforas nos servirá como vía de acceso a los universos conceptuales que predominan en cada momento histórico. Si bien sabemos, y expresaremos más adelante, que las metáforas no son totalizadoras ni evocan sentidos únicos, sí nos ofrecen pistas sobre esos universos de sentidos y generan, para los sujetos que las utilizamos, posibilidades de comprensión y repertorios de actuación sobre esa realidad.

Algunas notas características de las Metáforas

Nos propusimos reflexionar sobre las *Metáforas* en la pedagogía; esto nos obliga a iniciar un pequeño recorrido conceptual para luego considerarlas dentro del campo pedagógico.

No será nuestra intención extendernos en estas consideraciones, que han sido objeto de otros capítulos de este texto; interesa sólo subrayar algunas notas que permiten plantear el análisis posterior.

Partimos de una obvia interrogación: ¿Qué es una metáfora? Una primera herramienta es buscar qué nos dice el diccionario:

Tropo que consiste en trasladar el sentido recto de las voces a otro figurado, en virtud de una comparación tácita.- Aplicación de una palabra o de una expresión a un objeto o a un concepto, al cual no denota literalmente, con el fin de sugerir una comparación (con otro objeto y/o concepto) y facilitar su comprensión[1].

Hay presentes, en estas definiciones, dos sentidos: uno relativo a la traslación, a movimientos hacia sentidos figurados y otro que alude a la posibilidad de establecer cierto isomorfismo entre dos objetos, situaciones, etc. que no tienen entre sí mayor relación. Aquí aparecen la *comparación* y la intención de promover la *comprensión* como notas distintivas.

Tal como se desarrolla en el capítulo I señalamos que es Aristóteles[2] el que inicia el estudio y sistematización de las teorizaciones

---

[1] Biblioteca de consulta Microsoft Encarta. 2004.
[2] Cfr. el Capitulo I de este texto.

sobre metáforas; inicialmente en el campo de la retórica y luego de la poética.

De las consideraciones que aportan estos estudios queremos subrayar dos notas: la metáfora está vinculada a la *persuasión*, el sentido de *convencer* al auditorio (estudio en la retórica) y, a la vez, a la *belleza*, la apelación a *lo estético* como modo de producir ese sentido (en la poética).

Hay entonces en la metáfora traslados, préstamos de sentidos, comparación, analogías (Visokolskis en este volumen). A la vez esos préstamos tienen la intencionalidad de promover la comprensión y el convencimiento acerca de algo. Pero hay otro criterio que prima y es el criterio estético; no todas las relaciones, las comparaciones o los préstamos de sentido tienen la misma "fuerza" en el discurso ni proveen de los mismos sentidos. El orden de lo estético imprime una diferencia que cala no sólo en el lenguaje cotidiano sino, precisamente, en la posibilidad de comprender cuestiones más complejas, más profundas y más abstractas.

Vinculado a lo anterior podremos sostener que la metáfora no es sólo un recurso del lenguaje sino que involucra conceptos. El lenguaje metafórico no es más que una manifestación superficial de metáforas conceptuales (Lakoff y Johnson.2004).

Cuando algunos autores profundizan estas cuestiones, señalan que nuestro lenguaje está construido de metáforas y sistemas metafóricos y que éstos nos permiten desenvolvernos en nuestra vida cotidiana. (Lakoff y Johnson.2004) Al afirmar esto, subrayan que la construcción de las metáforas y su utilización es social y cultural. Las metáforas, los sentidos que evocan, las maneras de estructurarse y producir comprensión son históricas y socioculturales. No sólo involucran maneras de "decir" sino de "concebir" un fenómeno, de "pensar" una cuestión y de actuar en consecuencia.

Es allí donde comienzan a entrelazarse dos dimensiones: la dimensión de lo cultural objetivo y la dimensión subjetiva, que involucra las posibilidades de comprensión de los sujetos. Un sujeto estructura su subjetividad en la relación con otros, quienes le devuelven la posibilidad de ser un sujeto de este tiempo y de esta cultura. La experiencia física –la experiencia más primitiva de los sujetos– es la base de la construcción metafórica y, a la vez, esa construcción nos provee de sentidos que nos permiten construir experiencias.

Y, a esta altura, nos obligamos a volver sobre el lenguaje. Abriríamos un campo enorme de análisis de ese universo, aunque sólo recuperaremos la idea de que el lenguaje construye la realidad que nombra. Bourdieu subraya esta capacidad; a propósito de su análisis del discurso político señala:

> Así, contribuye prácticamente a la realidad de lo que enuncia por el hecho de anunciarla, de preverla y de hacerla pre–ver, de hacerla concebible y, sobre todo, creíble y crear de esta forma la representación y la voluntad colectivas que pueden contribuir a producirla. (Bourdieu. 1999:97).

El lenguaje produce, de esta manera, categorías de pensamiento y, por lo tanto tiene efectos, cierta eficacia para producir aquello que se nombra. A la vez, y como consecuencia de esa comprensión, provee estrategias de acción.

Desde otro lugar teórico señala Nietzsche:

> ¿Qué es entonces la verdad? Una hueste en movimientos de metáforas, metonimias, antropomorfismos, en resumidas cuentas, una suma de relaciones humanas que han sido realzadas, extrapoladas y adornadas poéticamente y retóricamente y que, después de un prolongado uso, un pueblo considera firmes, canónicas y vinculantes; las verdades son ilusiones de las que se ha olvidado que lo son; metáforas que se han vuelto gastadas y sin fuerza sensible, monedas que han perdido su troquelado y no son ahora ya consideradas como monedas sino como metal (Nietzsche:25)

Reflexionamos, a partir de estas citas, acerca de las disciplinas: ¿No son relatos, explicaciones, construcciones discursivas que intentan apresar la complejidad? ¿Son las teorías construcciones que dan cuenta de las posibilidades de nombrar ciertos fenómenos y, en ese acto de nominación, establecer las posibilidades de su comprensión y de acción sobre ellas?

Observamos que la producción de conocimientos se vale de construcciones lógicas, de rigurosidad metodológica pero, y a la vez, de procesos creativos donde está en juego algo del orden de lo estético; hay un atisbo de subversión en la acción de la producción de algo efectiva y genuinamente nuevo.

Sostiene Spilimbergo en relación al arte, pero que sostenemos aquí para toda actividad humana que supongamos creativa: "el arte debe tener esas necesarias tensiones y rupturas entre el rigor y la audacia y entre lo permanente y lo nuevo"[3]

Nos resuenan, en este conjunto de aportes, algunos conceptos: rupturas y continuidades; sujeto y contexto social y cultural; lenguaje y construcción de la realidad; pensamiento, comprensión y acción; sentidos y significados. Cuando abordamos la cuestión de las metáforas resuenan entonces este conjunto de categorías para pensarlas.

> Si una metáfora es un procedimiento cognitivo que nos permite construir modelos culturales de la realidad para interaccionar comunicativamente con los demás, entonces esto quiere decir que la metáfora representa un comportamiento en el sentido de que actuamos en el mundo e interaccionamos con éste, construyendo modelos comportamentales esencialmente en la base de las metáforas que elaboramos en nuestra cultura[4].

Una advertencia más: las metáforas no son expresiones que logren totalidades; en este juego de comparaciones hay algunos rasgos distintivos que se destacan para cumplir esta función de comparación, en algunas oportunidades también cruzados por la dimensión estética. Las metáforas muestran y ocultan (Lakoff y Johnson. 2004), destacan e invisibilizan algunos aspectos del fenómeno que enuncian.

Esto es interesante en un doble sentido: por un lado nos permite advertir que las metáforas no tienen sentidos únicos –por su condición

---

[3] Citado por Carli, Sandra "Imágenes de una transmisión: Lino Spilimbergo y Carlos Alonso" en Frigerio y Diker, *La transmisión en las sociedades, las instituciones y los sujetos. Un concepto de la educación en acción*, Buenos Aires, Ed. Novedades Educativas/ cem, 2004.

[4] Kalinowski, J. y Visokolskis, S. (2006). Los autores afirman ésto como conclusión de algunas posiciones como las de Lakoff, Eco, Grice a quienes referencian en el curso.

de culturales– ni sentidos absolutos – por su condición de parciales–. Por otra parte nos señala las potencialidades de las metáforas pero también indica sus limitaciones. (Abrate, Font y Pochulu. 2008)

Metáforas para describir a la educación:
La Pedagogía

La Pedagogía, como teoría que reflexiona sobre la acción educativa, está construida de metáforas. Para definir aspectos, cuestiones y concepciones sobre la educación utilizamos metáforas; desde el inicio de la reflexión pedagógica las metáforas estuvieron presentes en esta producción discursiva.

Comenio – considerado el referente del origen de la Pedagogía– en su obra *La didáctica Magna* (1632)[5] señalaba que el docente es como el arquitecto que comienza la casa por los cimientos (Dussel, Caruso. 1999). Esta metáfora permite entender y, a la vez, prescribir, un hacer pedagógico.

Cuando describimos una situación desde determinadas metáforas, estamos tomando una opción, que es profundamente conceptual. Cuando Comenio dice que el docente es *como* el arquitecto que comienza por los cimientos, estructura una imagen (la construcción de una casa) y alude a formas de enseñar, de aprender (en el accionar del docente como arquitecto), y está estableciendo, entre estas dos estructuras (el hacer del arquitecto y el del docente), un concepto sobre el rol docente, un concepto sobre la enseñanza.

Esta metáfora es comprendida por todos, tiene sentido en este tiempo y en esta cultura, es eficaz en dotar de sentido una acción a través de la alusión a otra, apelando a cierto isomorfismo entre construir una casa y "construir" el aprendizaje de nuestros alumnos. Pero, a la vez, mientras enuncia esa metáfora, produce esta realidad que enuncia.

---

[5] Jan Amos Comenio (1592-1670) es considerado el "padre" de la pedagogía. Su obra central es la "Didáctica Magna" (1632), con la que funda la didáctica escolar moderna. Dussel y Carusso señalan que, aunque no llegó a transformar las prácticas educativas de su época, sentó las premisas sobre las que se estructuró el aula moderna. La tesis central, su sistema de metáforas, se apoyaba en la naturaleza. Cfr. (Dussel y Carusso, 1999: 56-57).

De esta manera se convierte en prescriptiva (no sólo descriptiva) cuando la enuncia de determinada manera y colabora en producirla, cuando describe utilizando esas metáforas y no otras.

Además dijimos que las metáforas focalizan, muestran y ocultan y, en ese efecto, nos hacen centrar la atención en determinadas cuestiones o aspectos dejando de lado otros que, quizás, alguna metáfora –u otra teoría– podría atender más sustantivamente.

Queremos subrayar –tal como señala Dussel y Carusso– que "Cada metáfora construye diversos puntos de vista, arma recorridos distintos." No son inocentes, no son idénticos los sentidos que aluden la utilización de diferentes metáforas.

> (...) Elegir una metáfora para describir un objeto específico no es una acción inocente; marca una dirección y le da a la definición un matiz específico. El lenguaje, en este sentido, no refleja la realidad sino que produce sentidos, crea la realidad social (Dussel y Carusso. 1999).

Dussel y Carusso analizan otra metáfora utilizada por Comenio para explicar la actividad del docente, diciendo que éste debe actuar como la naturaleza, ya que su acción de enseñar a todos los alumnos al mismo tiempo se parece a la actividad del sol. Si el docente es el sol, los niños son puestos en lugar de árboles o de animales. Esto explica y justifica la afirmación de Comenio en cuanto a que *"el principio activo del aula –siguiendo la imagen del sol– sólo puede ser el docente"* (Carusso y Dussel. 1999:82)

Esta metáfora establece una similitud, un isomorfismo entre estos dos hechos: la relación entre los actores del aula y la relación entre el sol y las plantas y los animales. Un elemento que surge de esta comparación es la distancia entre los actores que estructuran el aula (relación docente-alumnos), tanta como la que existe entre el sol y los animales y plantas. La concepción de sujeto receptor del alumno queda instalada con el uso de esta metáfora. Por ello es que afirmamos que más que como descriptivas comienzan a actuar como preformativas.

"...Las metáforas no son inocentes, sino que pueden analizarse como estrategias para formular algunas ideas que muchas veces permanecen indiscutidas" (Dussel y Carusso. 1999: 83). Si construyen concepciones sobre, en este caso, el aula, la relación docente alumno, las características que asume el lugar de cada uno en esta relación, etc. Construyen, a la vez, maneras de actuar. Las metáforas tienen consecuencias en diferentes planos: en el lenguaje, en los conceptos, en la realidad que enuncia y en la acción de los sujetos.

Dussel y Carusso señalan, además, que por estas razones "Participan centralmente de la construcción de nuestra subjetividad, por ejemplo, dándonos formas de nombrar a nuestra actividad docente que determinan cómo vamos a procesar nuestras experiencias en el aula" (Carusso y Dussel. 1999.85).Advertimos también que instalan una estética; hay metáforas que apelan a imágenes, recursos admirados como bellos en nuestra cultura, instalan criterios estéticos, modos de definir lo bello. Podríamos afirmar que el discurso pedagógico instituye una estética sobre lo educativo.

Por lo señalado, parece auspicioso discutir cuándo, en nuestro andar cotidiano por las escuelas, se relativiza el valor del surgimiento de nuevas configuraciones discursivas, nuevas teorías, nuevos sistemas metafóricos dentro de la pedagogía. En ocasiones escuchamos: "está diciendo lo mismo de otros modos", "son modas del lenguaje que no hacen más que nombrar de otra manera", "son sólo palabras nuevas". Sin duda que la incorporación de nuevos conceptos no produce –automáticamente– cambios en las prácticas. Sabemos también que muchas veces las palabras son sólo "nuevos ropajes". No obstante, interesa subrayar que los cambios en los sistemas metafóricos entrañan la posibilidad de mutaciones en los conceptos que involucran. Los cambios en los regímenes metafóricos hacen referencia a modificaciones en las concepciones respecto a – en nuestro interés por – el aula, la relación entre los actores, etc. "Si un tipo de metáfora se vuelve más importante en una cultura, nos habla de lo que está pasando en ella." (Carusso y Dussel. 1999: 86)

La pedagogía es un saber específico construido de múltiples metáforas, es interesante que podamos pensarlas, considerar cuáles son las que organizan el discurso pedagógico actual, qué sentidos enuncian, qué caminos anticipan qué pistas nos dan acerca del panorama pedagógico y de las concepciones educativas vigentes en los espacios donde actuamos.

La pedagogía –discurso descriptivo y prescriptivo– reconoce el valor de construir las realidades que enuncia y, por lo tanto, asume el desafío de crear nuevos sistemas metafóricos que, propios de este tiempo, construyan otros caminos para pensar la escuela y la acción pedagógica,erigan otras verdades, otras realidades.

Metáforas de ayer y de hoy: Acerca de los sentidos sobre la escuela y la educación

Estas consideraciones sobre las metáforas nos ofrecen una estrategia desde donde analizar las conformaciones de ciertos universos de ideas vigentes en diferentes momentos históricos y poder evidenciar sus transformaciones en el tiempo.

Las metáforas –como construcciones discursivas e históricas– describen la realidad y, en ese mismo movimiento, orientan la acción. Por ello hemos afirmado que se modifican en diferentes contextos históricos y dan cuenta de las ideas predominantes de una época. De esta manera, si podemos mostrar que se han producido variaciones en los regímenes metafóricos, estos cambios obedecen a modificaciones en las concepciones predominantes sobre alguna cuestión. O, a la inversa, podríamos pensar que los cambios en las ideas y concepciones deberían manifestarse en modificaciones en las metáforas utilizadas.

A partir de lo señalado haremos un ejercicio: buscaremos metáforas predominantes en diferentes momentos históricos relativas a la educación (y a la escuela)[6] y consideraremos los cambios en los sistemas metafóricos como evidencias de los cambios conceptuales. Consideraremos algunas metáforas propias del discurso pedagógico en un momento histórico y trataremos de interpretar los sentidos que anuncian, las conceptualizaciones que evocan, los conceptos que están detrás de éstas (Frigerio.1998). Posteriormente, seleccionaremos metáforas actuales y, de igual manera, vamos a interpretar las concepciones que se vinculan con ese sistema metafórico.

En primer lugar, consideraremos un discurso fundante de la institucionalización de la educación en nuestro país. Reseñaremos algunas metáforas utilizadas por Domingo Faustino Sarmiento[7], considerando

---

[6] No tendremos en cuenta la distinción entre escuela y educación; aquí nos interesa los sentidos que, en general, son análogos o muestran una fuerte correspondencia.

[7] Domingo Faustino Sarmiento (1811–1888) es un exponente central del pensamiento

su discurso como representativo de la época. Luego retomaremos algunas metáforas actuales de referentes en la producción de discurso pedagógico y otras sobre la educación y la escuela en los discursos de docentes (estudiantes en carreras de formación docente) indagando sobre los sentidos que circulan actualmente.

No es nuestra intención generar comparaciones entre las diversas metáforas que vamos a considerar –que no podrían ser comparadas sin la mediación de otros cuidados metodológicos– ni sentar posiciones como únicas de una época; sino que intentamos proceder –como anticipamos en los apartados anteriores– en la búsqueda de sentidos, de configuraciones de percepción y de acción, como evidencias de sentidos sociales y culturales predominantes.

Algunas metáforas fundantes del sistema educativo nacional

Vamos a considerar que buena parte del discurso fundante de nuestro sistema educativo es expresado en el discurso sarmientino. Sarmiento es un exponente de las posiciones que sostuvieron la creación del sistema educativo nacional y del marco normativo que lo posibilitó, esencialmente la sanción de la Ley 1420, de 1884.

Sin duda detenernos en la descripción de las posiciones que debatieron las condiciones y características de la configuración del sistema educativo exigiría considerar las múltiples vertientes que el discurso fundante incluye y las contradicciones propias de todo universo de posiciones. La reconstrucción de este debate excede las posibilidades de este trabajo; además, nos interesa detenernos en considerar las metáforas utilizadas por Sarmiento en tanto exponente de las concepciones hegemónicas sobre la educación de fines de siglo XIX en nuestro país.

---

político pedagógico de fines de siglo XIX en nuestro país y en América Latina. Fue presidente de la República, gobernador de San Juan y ocupó numerosos cargos públicos (muchos de ellos vinculados a la ciencia y a la educación) y cuenta con producciones muy conocidas como: *Facundo, Civilización y barbarie, Recuerdos de Provincia, Educación Popular, Viajes por Europa, África y América*, y lo consideramos como un exponente de la época. Dice Adelmo Montenegro en los estudios que preceden la edición de Educación Popular: "Sarmiento es, en la historia de nuestra tradición pedagógica, quién la ha encarnado con más fuerza, modelando en su propia persona la figura típica del educador". Para este trabajo tomamos citas de: "Educación Popular" y "Educación Común",

No es, en esta oportunidad, el debate aquello que nos interesa, sino las posiciones que mayor eco tuvieron en las políticas, en las prácticas y en la construcción de un sentido común sobre la educación.

A los fines de nuestro interés seleccionamos algunas metáforas utilizadas por Sarmiento para describir la educación o las escuelas –en este contexto histórico se produce un proceso de homologación entre estos dos conceptos (Pineau.2001)– .

Sarmiento señala, a propósito del surgimiento de la escuela –que él describe como instrucción pública[8]– utilizando diversas metáforas:

> La educación pública era una consecuencia necesaria, para la práctica de aquellos principios; pues la inteligencia es en el hombre un instrumento embotado, cuando no se le ha hecho adquirir el número suficiente de datos y de verdades anteriores en que se funda todo recto raciocinio." (Sarmiento.1989:318)

> El hospital cura la enfermedad que ha provenido de los desórdenes y abusos de apetitos indisciplinados: la escuela, elevando el carácter moral, previene la incontinencia y los malos hábitos. Un vestido viejo cubre la desnudez del andrajoso, pero roto ese vestido aparece la desnudez, mientras que la educación de los andrajosos, aunque más lenta en sus efectos, acaba por proporcionar al paciente los medios de vestirse y romper el hilo de la tradición de miseria de la familia en que ha nacido. Es, pues, la educación un capital puesto a interés para las generaciones presentes y futuras (Sarmiento.1915:61).

La educación es *como* el hospital que cura los malos hábitos, ofrece al paciente los medios para vestirse y permite, de esta manera, *romper el hilo de la tradición de miseria de la familia en la que ha nacido*. La educación es una capital para el presente y el futuro. Es posible advertir, a partir de estas metáforas, que la educación es una *cura*

---

[8] Se podrían analizar las relaciones y diferencias entre los conceptos de educación e instrucción y las posiciones teóricas que sostienen cada una de estas nominaciones, pero ello excede las posibilidades de este trabajo.

para la enfermedad preexistente en el sujeto o en algunos sujetos que pertenecen a algunos grupos sociales y de la sociedad.

> Pero para suprimir la embriaguez como solaz del trabajo, es preciso antes de todo saber elevar el espíritu, y ennoblecer al hombre. En los países donde se ha emprendido curar este virus que trae la especie humana casi desde la cuna, fue necesario sustituirle compensaciones. La embriaguez es la poesía del alma encorvada bajo el peso del trabajo y de la destitución de ideas; la pasión del juego es una tentativa suprema, mil veces repetida, para adquirir. Nadie juega para perder. Así pues, el único preservativo contra estas incursiones en lo ideal y la disipación es dar ideas. La instrucción llena estos objetos, sin rebajar el alma, sin degradar el cuerpo y sin derrochar salarios. Una novela, si se buscan disipaciones, embriaga por más tiempo que una botella de vino, y la caja de ahorro promete infaliblemente fortuna más segura que los azares del dado aunque pida más tiempo." (Sarmiento,1915: 56)

La educación –que ofrece ideas– es un *preservativo contra la embriaguez* que resulta del peso del trabajo y de la destitución de las ideas. Una novela embriaga por más tiempo que una botella de vino y la caja de ahorro promete futuros más seguros que los azares. La educación cura, promete mejores futuros, asegura otras posibilidades de embriaguez. La educación se presenta como imposición imprescindible para la buenaventura individual y colectiva; debe destronar otras prácticas sociales y culturales y promover otros hábitos sociales que instalan una nueva moral.

Señala en otro texto:

> (…) su sistema de educación común universal, que hace de cada hombre un foco de producción, un taller de elaborar medios de prosperidad opuestos a nuestro sistema de ignorancia universal que hace de la gran mayoría de nuestras naciones cifras neutras para la riqueza, ceros, ceros y ceros, agregados a la izquierda

de los pocos que producen y además peligrosos para la tranquilidad rémoras para el progreso, y lo que es peor todavía, un capital negativo dejado a los tiempos futuros, esto es a la nación, para embarazarle los medios de prosperar. (Sarmiento. 1915:97)

La educación convierte al hombre en un *taller* para oponerse a la ignorancia universal que construye cifras neutras –ceros a la izquierda– tanto para las sociedades como para los sujetos. Por otro lado esta ignorancia es peligrosa para el progreso de la nación y para consolidar los medios necesarios para prosperar.

La decisión política pedagógica de generalizar la instrucción pública es, en expresiones de Sarmiento:

> Esta guerra santa del sistema de escuelas públicas, de esa instrucción primaria de cuya influencia en la industria y la prosperidad nos andamos inquiriendo todavía por estos mundos, preguntando con curiosidad si un hacha afilada cortará más que otra embotada y mohosa, o si mil inteligencias desenvueltas, armadas de todos los medios de producir, serán tan eficaces como la de diez palurdos ignorantes (Sarmiento,1915: 97).

Si esta *guerra santa* no logra sus cometidos, el resultado será la pobreza y la oscuridad. La educación es la *luz* para el desarrollo de la inteligencia del individuo y la garantía del progreso económico y social de las sociedades. Es la posibilidad de orden social y, por lo tanto, de progreso y civilización:

> y si la educación no prepara a las venideras generaciones, para esta necesaria adaptación de los medios de trabajo, el resultado será la pobreza y oscuridad nacional, en medio del desenvolvimiento de las otras naciones que marchan con el auxilio combinado de tradiciones de ciencia e industria de largo tiempo echadas, y el desenvolvimiento actual obrado por la instrucción pública que les promete progresos y desarrollo de fuerzas productivas mayores (Sarmiento,1989:58).

Expresa, en estas metáforas, una centralidad de la educación en el proyecto político y en las perspectivas para pensar el desarrollo individual y el progreso social. Es interesante subrayar la fuerza de las expresiones que utiliza, en la construcción de las metáforas como estrategia de persuasión. Ofrecen, estas expresiones, un universo de sentidos para comprender la realidad y líneas claras para la acción, así como sentidos sociales para mediatizar las experiencias individuales.

Las metáforas que seleccionamos de textos de Sarmiento –como representante de una época– nos permiten mostrar concepciones sobre la educación,, que corresponden a ideas de la época, a concepciones modernas de educación.

La modernidad[9], movimiento social y cultural que produce un nuevo orden social y que se manifiesta en diferentes ámbitos (políticos, culturales, económicos, sociales, en la ciencia, etc.) tiene como característica predominante el énfasis en la difusión de la razón, en el valor del conocimiento. El cultivo de la razón individual produciría desarrollo social; por lo tanto esta idea se convierte en el fundamento de un nuevo orden social. Estas concepciones son las que fundamentan la idea de escuela como difusora de la razón, del orden, de la prosperidad: "Como la razón y el conocimiento racional fueron considerados el fundamento de nuevos proyectos de sociedad, la educación para formar la razón y para distribuir esos conocimientos pasó a ocupar un lugar central" (Caruso - Dussel. 1996: 91).

Estas concepciones sostenían la posibilidad de emprender "*una guerra santa*" en contra del imperio de la ignorancia y de rescatar al hombre a través de la educación, y se fundan en un profundo optimismo pedagógico (Caruso y Dussel,1996) que asignaba a–y esperaba de– la educación el desarrollo de la sociedad y de los sujetos.

Sarmiento, como hombre de este tiempo moderno, muestra, a través de sus metáforas, el lugar de redención, de salvación, el papel civilizatorio y la contribución, para el crecimiento nacional, de la

---

[9] No interesa detenerse aquí a explicitar las características de la modernidad ni sus notas distintivas; sí brevemente plantearemos algunas ideas propiamente modernas que permiten mostrar a estas metáforas como expresiones de concepciones modernas sobre la educación, la sociedad, etc. Algunos textos aquí citados trabajan en detalle las condiciones de la modernidad– como período histórico, político– y sus vinculaciones con la producción de la pedagogía como disciplina. Entre otros: Caruso & Dussel (1996), Pineau, P. (2001), Narodowski (1996), Dussel & Caruso (1999).

instrucción pública: "(...) la fundación y expansión de los sistemas escolares se dio al calor de un arraigado optimismo pedagógico que implicaba que personas educadas construirían sociedades modernas". (Caruso y Dussel, 1996:94).

Las metáforas sarmientinas son una clara evidencia del optimismo pedagógico moderno que sostuvo la enorme empresa que fue la construcción, y expansión del sistema nacional de educación en nuestro país, que volvió a la educación – y en ella a la asistencia a la escuela– un derecho y una obligación y construyó lo que se ha denominado el Estado docente, un Estado que se asume como principal responsable y garante de ofrecer educación a todos.

> En América Latina, y sobre todo en la Argentina, tales ideas encontraron [se refiere a las ideas modernas] eco en las capas educadas de la población. Un admirador de Horace Mann sería pionero a la hora de predicar el optimismo educacional –posición que se hallaba presente en el Río de la Plata desde los últimos años de la Colonia – y de concretar algunas acciones al respecto: Domingo Faustino Sarmiento (1811– 1888).. (Caruso y Dussel,1996: 93).

Estos sentidos fueron impregnando a las políticas públicas, a las concepciones sobre lo escolar, colaborando en la construcción de un sentido común sobre el valor de la educación y especialmente, de la escuela primaria. La forma de lo escolar se vuelve *normalidad* e impregna también la vida social y la vida cotidiana de los sujetos, de las familias, de los espacios laborales: "(...) la escuela se convirtió en un innegable símbolo de los tiempos, en una metáfora del progreso, en una de las mayores construcciones de la modernidad" (Pineau.2001:28). Esta educación y escuela que salvan del desorden, que curan la enfermedad de la ignorancia que reina fuera de ellas, que son la luz, la usina, la curación, interpela a los sujetos y a la sociedad desde estos significantes.

Estas metáforas, que posibilitan la comprensión de lo cotidiano, son manifestaciones de conceptos típicamente modernos que conciben a la educación y a la escuela desde esta perspectiva, ofrecen razones para la acción –individual y colectiva– y formas de procesar las experiencias educativas, también en lo social y en lo individual.

Nos preguntamos ahora: ¿Qué sentidos circulan hoy? ¿Cuáles son las metáforas que se han vuelto importantes en nuestra cultura? ¿Cuáles son aquellas predominantes en nuestro tiempo que nos evidencian sentidos que circulan por la sociedad actual? ¿Se han producido cambios en los regímenes metafóricos que den cuenta de cambios en las concepciones sobre la educación y la escuela?

Algunas metáforas actuales

La búsqueda de metáforas que nos describan las concepciones sobre la educación y la escuela que predominan en nuestra sociedad nos abre un universo muy difícil de apresar y muy heterogéneo en su interior. De esta heterogeneidad, elegimos dos metáforas –que son títulos de textos actuales– y algunas explicaciones sobre ellas para indagar sobre estos nuevos sentidos sobre lo educativo y lo escolar.

Las dos metáforas elegidas son: *"La tragedia educativa"* y *"La escuela como frontera"*.

i. La educación como tragedia y la escuela como frontera. ¿Qué sentidos evocan?

No nos interesa, en esta oportunidad, reseñar exhaustivamente el contenido de cada uno de los textos de los que utilizamos sus títulos como expresiones metafóricas actuales, ni queremos explicitar las posiciones que sostienen; sino que tomamos estas expresiones –y algunas más de cada texto– como metáforas que dan cuenta de nuevos sentidos que circulan en la actualidad. Las recuperamos como expresiones representativas de los sentidos actuales, como evidencias de sistemas metafóricos que nos muestran cambios conceptuales.

Advertíamos, párrafos antes, que los sentidos que se evocan a partir de una metáfora no son únicos, que las ideas sobre educación y escuela que circulan en una sociedad y en un tiempo son heterogéneas, que en cada universo discursivo conviven diferentes perspectivas. Por otra parte definimos a las metáforas como construcciones históricas y, por lo tanto, se transforman y no son neutras.

Tomamos el título del texto de Silvia Duschatzky denominado *La escuela como frontera –reflexiones sobre la experiencia escolar de jóvenes de sectores populares*[10].

En este texto – resultado de una investigación etnográfica realizada en dos escuelas bonaerenses– la autora indaga sobre los sentidos que para los jóvenes de sectores populares tiene su paso por la escuela, pero no queremos detenernos en los interesantes análisis de la autora sino quedarnos en la expresión que titula el libro: *La escuela como frontera*.

En el cuarto capítulo desarrolla esta metáfora. Allí expresa: "La escuela como frontera más que un límite marca un horizonte. Al entrar a dialogar con el discurso localista pone de manifiesto su carácter inconcluso y la brecha por donde se cuelan nuevos significantes"(Duschatzky.S. 2005:78).

La escuela es una frontera que posibilita pasar a otro lado, articular lo escolar con la vida cotidiana de estos jóvenes, el lugar donde es posible construir otros sentidos. Escuela que posibilita la existencia de una "disputa discursiva" con su cotidianeidad. (Duschatzky, S. 2005)

> La escuela como frontera da cuenta en realidad de una subjetividad plural y polifónica. Su presencia en la vida de los jóvenes no supone la dilución de otros referentes sino la irrupción de una condición fronteriza en la que se mezclan distintos territorios de identificación (Duschatzky. 2005: 78).

Esta idea de frontera no augura certezas, sólo ofrece un tránsito posible hacia este diálogo con otros universos para los sujetos; parece estar lejos de sentidos sociales totalizantes que incluyan a todos. La escuela no supone la dilución de otros referentes –como ansiaba Sarmiento– ni se propone invalidar prácticas sociales, sino ofrecer otros territorios de identificación. La escuela como frontera es la escuela del pasaje que significa apertura de la cadena de significantes, explica la autora. Es una oferta que, como tal, puede ser tomada o no por los sujetos.

---

[10] Duschatzky, Silvia *La escuela como frontera. Reflexiones sobre la experiencia escolar de jóvenes de sectores populares. Cuestiones de Educación,* Buenos Aires, Ed. Paidós, 2005.

> La escuela tendrá mayor o menor capacidad de interpelación en la medida que logre responder al horizonte de expectativas de los sujetos y, dado que las redes sociales de satisfacción no son las mismas en cada lugar, los sentidos con que se invista a la escuela serán diferentes según los contextos de que se trate, según las oportunidades sociales y culturales que rodee a cada grupo social. La valoración social de la escuela es entonces una construcción parcial y situacional (Duschatzky,.2005: 77).

Lejos de considerar a la escuela dentro de una valoración social en la promesa de futuros, más bien hay una valoración situacional, contextuada en tanto logre articularse con algunas expectativas de los sujetos.

Dejamos un momento esta metáfora y retomamos la segunda expresión; éste es el titulo de un libro que ha tenido mucha difusión: *La Tragedia Educativa* de Guillermo Jaim Etcheverry[11]. Titular una obra "La tragedia educativa" para describir la situación educativa de nuestro país es una metáfora impactante. A lo largo del análisis que desarrolla y la información que incluye va dando cuerpo a esta concepción de tragedia para la educación.

El sentido de tragedia alude a una lucha contra lo inexorable, hay una idea de fatalidad sobre la que toda lucha se vuelve una quimera y, a la vez, instituye un conflicto sin resolución. Esta idea conlleva escasa confianza en la capacidad del hombre y/o de las sociedades de hacer algo que no esté ya escrito; sólo será posible soportarlo con nobleza (Donángelo,K. 2008).

En este sentido, otros autores señalan sobre este texto: "Una razón de importancia que fundamenta el título de la obra es que los niños y jóvenes argentinos no aprenden en las instituciones educativas. Esta es la "tragedia educativa"(Mastrangelo.2001:213).

Escribe el propio autor en la introducción del libro:

> ¿Cuál es la razón para considerar trágica la situación educativa contemporánea? Tal vez esa condición surja

---

[11] Jaim Etcheverry, Guillermo, *La tragedia educativa*, Buenos Aires, Fondo de Cultura Económica, 2004.

de la convergencia de una serie de acontecimientos y de expectativas personales y sociales que amenazan con modificar radicalmente la función de la escuela tal como la hemos conocido hasta ahora (Jaim Echeverri.2004: 9).

A lo largo de todo el texto va desplegando diversos argumentos; señalamos algunos a los fines de mostrar las ideas que sostienen esta metáfora:

> (…) la pretensión de transformar a toda costa la escuela en una institución en la que se busca igualar al alumno con el maestro no hace sino contribuir al eclipse de la autoridad (…) (Jaim Echeverri, 2004:12)
>
> Resulta evidente que la educación no constituye una meta en sí misma, sino que es una travesía compleja y azaroso. Para emprenderla, es importante contar con una carta de ruta apropiada. Las tendencias que parecen estar modelando la educación actual orientan esa expedición hacia destinos que constituyen también motivos de preocupación. (Jaim Echeverri, 2004:11/12).

En el capítulo IV, Jaim Echeverry hace una síntesis de lo que viene exponiendo, más que ilustrativa de la idea de tragedia educativa. Señala:

> Hemos comentado algunas de las principales características de la sociedad actual, que amenazan con convertir a la escuela en:
> - un taller de entrenamiento de la fuerza laboral enseñando lo útil, a menudo para evitar que los jóvenes se formulen preguntas más profundas sobre la forma en que vivimos;
> - un escenario más del mundo centrado en el espectáculo;
> - un laboratorio de las modernas tecnologías de la información:
> - una institución "abierta a la vida" y "democrática" dirigida

por las apetencias de los más.

De transitarse todos estos caminos, posiblemente desaparezca la escuela tal como la hemos conocido (Jaim Echeverry. 2004:151).

¿Qué concepción de escuela es posible en esta descripción que realiza el autor? Él mismo más adelante señala: " la escuela debería advertir su papel como último refugio de lo humano, siempre que consiga resistir con éxito el embate de las tendencias señaladas más arriba" (Jaim Echeverry. 2004:154/155).

No nos detendremos más en las expresiones de Etcheverry; señalamos que éstas aluden a un pasado de oro que hemos perdido y que, de esta manera, la sociedad y los jóvenes están a la deriva. Pero, además, lo hemos perdido para siempre; estas amenazas son inexorables, no habrá manera de que algo de esto no ocurra. Casi no es posible hacer nada, la escuela como refugio de lo humano deberá ser capaz de soportar los embates de las tendencias que describe, ésta es la enunciación de una tragedia en tanto inexorable imposibilidad de lo escolar.

Estas metáforas, desde posiciones claramente diferentes, nos dan cuenta de los universos de sentidos sobre lo educativo que circulan actualmente; esencialmente podemos mostrarlas como evidencias de lo que algunos autores han llamado "el quiebre del optimismo pedagógico moderno" –constitutivo de las posiciones político pedagógicas fundantes del sistema educativo–.

Ponemos en evidencia aquí lo señalado en apartados anteriores acerca de que no son neutrales, que las metáforas no son inocentes y que aluden a modos diferentes de entender el fenómeno de la utilización de una u otra. No obstante esta constatación, ambas parecen compartir algunas condiciones. En primer lugar persiste, en estas expresiones, una centralidad de lo educativo. Se le otorga el lugar de una *frontera* que habilita pasos, o de una *tragedia* que impide el crecimiento de los sujetos, de las nuevas generaciones y de la sociedad. Pero en ambas, lo educativo –y lo escolar– tiene una importancia que se subraya; tanto por lo que permite o por lo que obtura.

En ninguna de las dos metáforas se incluye este sentido de *cura*, de *salvación* que justificaba la expansión de la escuela a fines de siglo XIX. La educación y la escuela hoy son un lugar donde puede producirse la construcción de otros códigos necesarios para dialogar con el mundo –como afirma Duschatzky, S.– o puede ser, según Jaim Echeverry, el lugar donde los jóvenes:

> Siguen con gran dedicación las enseñanzas de sus maestros de ese mundo, los verdaderos pedagogos nacionales: la televisión, la publicidad, el cine, el deporte, la música popular, la política y todo lo que entra en los espacios de celebridad que ellos definen. Lo que los chicos saben es que lo que los mayores les enseñamos con el ejemplo (Jaim Etcheverry, 2004: 60).

En ambas metáforas podemos constatar otros universos de significados que distan del optimismo pedagógico moderno y estos nuevos sentidos ponen en discusión el efecto beneficioso de la educación, su contribución al desarrollo de la inteligencia del sujeto y su efecto altamente positivo al desarrollo social y económico.

Esta confianza en la ecuación: mayor educación, mejor individuo y mejor sociedad, parece haber encontrado sus límites. En este nuevo tiempo las expectativas sobre la educación no son tan abarcativas ni totalizadoras, son más locales, puntuales; las dudas sobre las *grandes contribuciones* de la educación parecen ser los predominantes de este nuevo tiempo.

> (…)la escuela es el pasaje al reconocimiento social, es la posibilidad de experimentar otra sociabilidad y es la entrada de nuevos soportes discursivos. En apariencia podría tratarse de un retorno de las viejas funciones asignadas a la educación (…) La valoración que los jóvenes de los contextos relatados hacen de la escuela no es la confirmación de la función universal de los sistemas educativos modernos, sino el resultado del contraste de sentidos entre dos esferas de experiencias, la barrial y la institucional (Duschatzky. 2005:81).

Estas metáforas evidencian los límites, o el quiebre, afirman algunos, del optimismo pedagógico, la complejización de la mirada sobre las contribuciones de la educación y la escuela sobre la sociedad. Si bien, como señalamos, la centralidad de lo educativo se conserva, son otros los sentidos a los que alude.

Nuevas metáforas para otro modo de concebir la educación y la escuela, metáforas de estas nuevas condiciones sociales que discuten las construcciones – y las metáforas– modernas.

No nos detendremos aquí en analizar la larga y compleja historia social y cultural que precede y produce estos cambios de universos de sentidos, sino que queremos más bien constatarlos a través de las metáforas que se vuelven predominantes en esta época. Podemos afirmar, entonces, que éstas son evidencias de la crisis del optimismo moderno, de un cambio de época que posiciona a la educación, a la escuela y a la formación docente en cierto *desajuste* con el contexto actual, que exige volver a pensarlos.

Estas transformaciones –societales y conceptuales– están siendo estudiadas y son motivo de debate y de producción teórica[12]. El interés de este texto es mostrar, constatar los cambios metafóricos que acompañan cambios de sentidos sobre la educación y el papel de la escuela.

> Enfrentarse con los restos del naufragio (Colom y Mélich, 1994) como se ha denominado a la pérdida de confianza ciega en la escolaridad, requiere ver que la sociedad ha cambiado profundamente y que la escuela tiene que cambiar si no quiere quedar girando en el vacío (Caruso y Dussel.1996: 103).

Estas metáforas revisadas aquí dan cuenta de un modo de enfrentarse a los *"restos del naufragio"* –otra metáfora que da cuenta de la caída de la modernidad–. Hoy la promesa moderna de que la *"educación es una fábrica, una usina de instrucción"* (Sarmiento, 1989) ya no es una promesa. Este hecho posibilita construcciones metafóricas como las aquí consideradas; no sería factible –dentro del optimismo

---

[12] La crisis de la modernidad y el surgimiento de un nuevo tiempo es objeto de análisis en diversas disciplinas. En el campo de la pedagogía es muy vasta la producción que analiza estos cambios desde la preocupación educativa y la vigencia de las formas escolares. Además de los autores citados en este trabajo referenciamos a Hargreaves (1996), Díaz Barriga (1995), Narodowski (1996), Buenfil Burgos (1992). Estos autores referencian a quienes, en el campo de la filosofía, plantearon estos debates: Gianni Vattimo, J. Lyotard, entre muchos otros.

pedagógico moderno– que tales expresiones cobraran fuerza explicativa.

Las metáforas utilizadas hoy interesan, además, porque al enunciar hacen posible de ser concebido esto que enuncian; se vuelve creíble, posible y nos acercamos a la acción desde esta comprensión. No importan tanto si son "verdad" o no, sino interesa que son condiciones necesarias para hacer que algo ocurra. No importa tanto si en verdad la educación *es una tragedia* y la escuela *es una frontera*, sino que esta definición hace que actuemos desde estas comprensiones.

¿Cómo nos acercamos, entonces, a la acción educativa cotidiana? Examinemos algunas metáforas que construyen docentes y futuros docentes.

ii. Otras metáforas actuales ¿qué metáforas construimos para definir a las instituciones educativas desde nuestra experiencia cotidiana?

Las metáforas actuales son evidencias de las ideas, representaciones, conceptos vigentes en la pedagogía y en el sentido común – construido socialmente– que nos dota – a los actores sociales– de ciertas modos de comprender y de actuar en la realidad, para constituirnos en orientadores de nuestro accionar.

Estas ideas se construyen de múltiples fuentes; una de ellas se refiere a las representaciones de las que nos apropiamos en nuestra experiencia dentro de las instituciones escolares. Todos quienes hemos pasado por la escuela tenemos ideas, visiones, representaciones acerca de lo que la educación y la escuela es o debería ser. Esta experiencia – o aprendizaje por observación– (Lortie citado por Huberman, M., Thompson,S., Weiland,S.)[13] nos permite apropiarnos de sentidos, conceptos, ideas sobre la educación y la escuela actuales.

En la formación de maestros y profesores intentamos trabajar con estas ideas y conceptos producidos en toda nuestra historia como sujetos sociales, como alumnos de las escuelas, etc. Nos interesa *desnaturalizar* (Poggi,2002) ciertas construcciones en torno a lo escolar, y para ello es necesario poner en discusión ese sentido común construido

---

[13] Huberman,M;Thompson,S; Weiland,S. corresponde al Capítulo 1: "Perspectivas de la carrera del profesor" del texto: Biddle, B.; Good, T.; Goodson, I. (2000) "La enseñanza y los profesores I. La profesión de enseñar." Paidós. Temas de educación. España.

sobre la escuela, tensionar ese saber construido en la experiencia con los conocimientos académicos propios de la formación.

Justamente por estas razones podemos afirmar que los futuros docentes no llegan ni al proceso formativo ni a la experiencia laboral despojados de saberes en torno a la institución escolar, a las maneras de funcionar, a sus usos y buena parte de sus prácticas. Andrea Alliaud utiliza la expresión *"experiencia formativa"* para remitir a "todo aquello que se aprendió de la experiencia (…). Es lo aprendido en tanto "nos pasa" (como sujetos), por oposición a lo que simplemente pasa (Larrosa.2000)" (Alliaud. 2004: 2).

Esta *biografía escolar* le permite afirmar a Alliaud que estos sujetos han sido formados, más aún dice *"formateados"* en las formas de lo escolar: "Lo que aprende como alumno, afirmaba Lortie, se generaliza y convierte en tradición, constituyendo así, una poderosa influencia que trasciende las generaciones." (Alliaud.2004:8).

En la formación de docentes es necesario que intentemos discutir estas concepciones construidas en la historia escolar de cada uno y que, si no se someten a consideraciones, operan como *conocimientos prácticos* (Poggi. 2002)[14] que se ponen en juego en cada nueva situación de actuación. Estas construcciones son sociales y permiten comprender y actuar en la vida institucional.

Una manera de analizar esas concepciones –que operan como fondo de la actuación, como *saberes prácticos*, como *esquemas prácticos*– es construyendo algunas metáforas que nos permitan exponer estos sentidos. Nuevamente, aquí las metáforas nos dan información sobre los sentidos que se atribuye a la educación, a la escuela, a las instituciones educativas. Nos permiten, en este préstamo de sentidos, expresar los universos de concepciones presentes en nuestros esquemas de percepción y de acción, como también develar algunos de estos sentidos.

> ¿Por qué darle importancia a las metáforas en el momento de construir un saber? (*refiere a un saber so-*

---

[14] La cuestión de la clasificación de los saberes de los docentes es trabajada por distintas autores quienes construyen diferentes clasificaciones. Por ejemplo: Putnam, R. y Borko,H. distinguen entre: conocimiento pedagógico general, conocimiento de la materia de la asignatura y conocimiento de contenido pedagógico. Los saberes prácticos o las "creencias" –como las llaman estos autores– aparecen de diferentes modos en las tres categorías pero especialmente en la primera. Poggi presenta una clasificación propia que es síntesis de las diversas clasificaciones que analiza. No es pertinente a este trabajo extendernos sobre esta cuestión, pero sí es importante hacer el señalamiento.

bre las instituciones educativas) (...). Las metáforas permiten no sólo acceder a las representaciones sino que sostienen nociones, redes y despliegues conceptuales. Son una fuente inagotable de conocimientos. (Frigerio.1998:25)[15]

Consideremos algunas metáforas elaboradas por los colegas participantes en una capacitación docente[16]:

Si la escuela fuera un lugar sería una cancha de fútbol porque hay gente, relaciones de poder, enfrentamientos, intereses unidos y contrapuestos, orden, euforia, partes, grupos, es popular, hay conflictos y luchas.

Si las Instituciones educativas fueran un medio de transporte sería una carreta tirada por caballos porque son antiguas, lentas.

Si las Instituciones educativas fueran una comida sería una sopa, porque si bien sus componentes pueden agradar es poco nutritiva.

Si fuera una obra de arte sería una escultura de Henri Moore17 porque una escultura debe poseer estructura que la sostiene. Henri Moore toma una estructura existente para crear una nueva mirada, una abstracción de lo figurativo, nuevas formas

---

[15] Frigerio (1998) bajo el título *¡Piedra libre para el concepto que está detrás de la metáfora!* describe múltiples representaciones metafóricas sobre la institución educativa, cita allí metáforas construidas en diferentes talleres con docentes y sostiene que cada una de ellas considera aspectos de la realidad y ponen el acento en diferentes elementos que son abordados por nociones y conceptos. Subraya, de esta manera, que "un vínculo reúne metáfora y concepto. Apostamos entonces a su riqueza y al despliegue de ambos registros discursivos." (pág.26).

[16] Estas metáforas fueron elaboradas por participantes del Trayecto de Capacitación docente para graduados no docentes del Nivel Superior de la Escuela Normal Víctor Mercante. Muchos de estos estudiantes se desempeñan como docentes a partir de su titulación técnico o profesional, otros están haciendo esta formación para ingresar a la docencia. Todos tienen titulaciones de nivel superior no docentes previas. Les agradezco a todos ellos que me cedieron sus producciones.

[17] Henry Moore (1898-1986) artista y escultor inglés, introdujo una forma particular de modernismo en Gran Bretaña.

Si fuera una verdura sería una cebolla porque tiene diversas capas, que son diferentes niveles sociales, se nutre de diversas fuentes: de la cultura y del Estado.

Si fuera un objeto sería un semáforo porque organiza, establece reglas y si no funciona produce un caos.

Si fuera un proceso histórico sería una colonización porque habría luchas entre diversas culturas.

Podríamos seguir enumerando metáforas y podríamos analizar los conceptos que se encuentran detrás de cada una de ellas, las vivencias que evocan, las preocupaciones que señalan. Pero nos interesa mirarlas en conjunto, como expresiones de esta época, como fragmentos de un discurso que configura buena parte de nuestro sentido común construido en torno a la educación y a las escuelas, como fuente de nuestros saberes que nutren nuestros esquemas de percepción y de acción sobre lo educativo y lo escolar.

En estas metáforas que construyen nuestros colegas –docentes en proceso de formación– parecen convivir, en un entramado complejo, elementos propios del optimismo moderno y sentidos más cercanos a las críticas posmodernas. Optimismo que señala que si la escuela no funcionara *"produciría un caos"* y, a la vez, pesimismo que la describe como *"una sopa poco nutritiva"*.

Metáforas que describen las múltiples dimensiones de lo institucional, que evidencian complejidades *"como una cancha de fútbol"* o *"como una cebolla"*.

El universo de sentidos que se encuentran en torno a lo escolar nos permite señalar la existencia de sentidos encontrados, de sentidos paradojales. Estas metáforas, que dan cuenta de un universo de conceptos actuales, nos muestran esta característica de los sistemas metafóricos, esta condición de ser paradojales. Como estos sistemas de sentidos nos permiten comprender la realidad y producen orientaciones para la acción, podremos constatar que las demandas y las expectativas sobre la educación y la escuela son heterogéneas y complejas.

Dice Pablo Gentili, la escuela hoy vive una rara paradoja "de ella no se espera nada y de ella se espera todo":

> Rara paradoja que, por un lado, anuncia la inviabilidad de la escuela, su impotencia y frutilidad y, por otro, atribuye a ella todos los males que la sociedad sufre,

así como la responsabilidad para que deje de sufrirlos."
(Gentili, P. 2003)

Esta demanda y expectativa paradojal es evidencia de los universos de sentido de este nuevo tiempo; da cuenta del quiebre de las certezas modernas. Pero, a la vez, de la inexistencia de sentidos unívocos que se hayan vuelto hegemónicos. Podremos sostener, entonces, que múltiples sentidos modernos sobre la educación sobreviven –seguramente fragmentados, entramados con otros– pero lo que pareciera haberse quebrado es la certeza de la relación entre educación y desarrollo; entre educación y progreso; entre educación y mejora. Lo que se quebró es la visión totalizadora de la educación como *cura a todos los males*, como solución para la construcción de un nuevo modelo civilizatorio.

Esta existencia de sentidos encontrados podría ser explicativa de cierto malestar docente o malestar en las instituciones educativas que son hoy motivo de reflexión y de indagación. La existencia de sistemas metafóricos que construyen comparaciones entre la escuela y otros objetos que le prestan atributos disímiles nos permiten mostrar diversos sentidos coexistiendo, y argumentar que ésta es la característica descollante de este tiempo y fondo de comprensión y actuación de los sujetos.

Para cerrar estas reflexiones

No se trata de restituir sentidos ni prácticas –ni metáforas– sino de que podamos comprender los cambios, conocer que ha cambiado el mundo, que ha cambiado la concepción sobre la educación para volver a pensar y construir nuevos sentidos para el actuar.

Quizás deberemos pensar en la educación y la escuela no como *frontera* ni como *tragedia* que invalida cualquier reflexión y pone límites; mucho menos pretender reponer la idea de una escuela salvadora que cura a todos de todo mal; sino de pensar con nuevas metáforas que den cuenta de nuevas configuraciones de sentidos, nuevas metáforas que permitan otras comprensiones de la realidad, otros modos de procesar experiencias diversas en nuestra relación con lo escolar.

Construir nuevos modos de nombrar habilitarán nuevas posibilidades de prácticas, harán posibles que otras coordenadas sobre la educación y la escuela sean concebidas; hoy asistimos a nuevos tiempos que son, sin duda, distintos pero no deben ser inexorables.

Para que esto sea posible deberemos, al decir de Gabriela Diker, pasar de una "mirada normativa y mistificadora del pasado a una mirada con vocación histórica", que busque en el pasado claves de comprensión del presente. Abandonar todo esfuerzo de restitución, y plantearnos la búsqueda de nuevas metáforas, diremos nosotros, que asuman una tarea "mucho más inquietante e incierta: la de pensar qué hay allí, en ese lugar en el que sólo una mirada represiva puede percibir como vacío." (Diker, 2005:136)

Referencias Bibliográficas

ABRATE, R., FONT, V. y POCHULU, M. (2008). Obstáculos y dificultades que ocasionan algunos modelos y métodos de resolución de ecuaciones. *Proyecciones*, Vol. 6(2), pp. 49-53.

ALLIAUD, A. (2004). La experiencia escolar de maestros "inexpertos". Biografías, trayectorias y práctica profesional. *Revista Iberoamericana de Educación*, Versión Digital.

BIDDLE, B.; GOOD, T.; GOODSON, I. (2000). *La enseñanza y los profesores I. La profesión de enseñar.*España: Paidós.

BOURDIEU, P. (1999). *¿Qué significa hablar. Economía de los intercambios lingüísticos, Madrid,* Madrid: Akal.

CARLI, S. (2004). Imágenes de una transmisión: Lino Spilinbergo y Carlos Alonso. En Frigerio y Diker (2004*) La transmisión en las sociedades, las instituciones y los sujetos. Un concepto de la educación en acció*n, Buenos Aires: Ed. Novedades Educativas.

CARUSO, M. y DUSSEL, I. (1996). *De Sarmiento a Los Simpsons. Cinco conceptos para pensar la Educación Contemporánea.* Buenos Aires: Ed.Kapelusz.

DÍAZ BARRIGA, A. (1995). La escuela en el debate modernidad-posmodernidad. En De Alba, A. *Posmodernidad y educación.* México: UNAM.

DIKER, G. (2005). Los sentidos del cambio en educación. En Frigerio, G. Diker, G. (Comps.) *Educar: ese acto político.* Buenos Aires: Ed. Del estante.

DONÁNGELO, K. El origen de la tragedia griega y sus autores. *Sitio al margen. Revista digital de cultura.* Dirección URL:http://www.almargen.com.ar.

DUSSEL, I. y CARUSO, M. (1999). *La invención del aula. Una genealogía de las formas de enseñar.* Buenos Aires: Ed. Santillana.

FRIGERIO, G. (1998). Cara a cara. En Frigerio (Comp.), *De aquí y de allá. Textos sobre la institución educativa y su dirección.* Buenos Aires: Ed. Kapelusz.

FRIGERIO, G; POGGI, M. y TIRAMONTI, G. (1993). *Las instituciones educativas. Cara y ceca. Elementos para su comprensión.* Buenos Aires: Ed. Troquel Educación, Serie FLACSO-Acción.

GENTILI, P. (2003). Pedagogía de la esperanza y escuela pública en una era de desencanto. En Felfeber M.. *Los sentidos de lo público. Reflexiones desde el campo educativo. ¿Existe un espacio público no estatal?*. Buenos Aires: Ed. Novedades Educativas.

HARGREAVES, A. (1996). *Profesorado, cultura y posmodernidad. Cambian los tiempos, cambia el profesorado.* Madrid:, Ed. Morata.

KALINOWSKI, J y VISOKOLSKIS, S. (2006). La metáfora, su significación histórica y sus aplicaciones a las ciencias y a la educación. *Apuntes del desarrollo del curso*, Universidad Nacional de Villa María.

LAKOFF, G. JOHNSON, M. (2004). *Metáforas de la vida cotidiana.* Madrid: Ed. Cátedra.

JAIM ETCHEVERRY, G. (1999). *La tragedia educativa.* Buenos Aires: Fondo de Cultura Económica.

NARODOWSKI, M. (1996). *La escuela argentina de fin de siglo. Entre la informática y la merienda reforzada.* Buenos Aires: Ed. Novedades educativas.

NIESZTCHE, F. (1994). *Sobre verdad y mentira en el sentido extramoral.* Madrid: Ed. Tecnos, 1994, pp. 15-38.

PINEAU, P. (2001). ¿Por qué triunfó la escuela? O la modernidad dijo "Esto es educación" y la escuela respondió "yo me ocupo". En Pineau, Dussel y Caruso, *La escuela como máquina de educar. Tres escritos sobre un proyecto de la modernidad.* Buenos Aires: Ed. Paidós.

POGGI, M. (2002). *Instituciones y trayectorias escolares. Replantear el sentido común para transformar las prácticas educativas.* Buenos Aires: Ed. Santillana.

SARMIENTO, D. F. (1915). Educación Común. *Obras completas*, Buenos Aires: Luz del Día

SARMIENTO, D. F. (1989). Educación Popular. Córdoba: Edición Banco de la Provincia de Córdoba.

i want morebooks!

Buy your books fast and straightforward online - at one of world's fastest growing online book stores! Free-of-charge shipping and environmentally sound due to Print-on-Demand technologies.

Buy your books online at
www.get-morebooks.com

¡Compre sus libros rápido y directo en internet – en una de las librerías en línea con más crecimiento acelerado en el mundo! Envío sin cargo y producción que protege el medio ambiente a través de las tecnologías de impresión bajo demanda.

Compre sus libros online en
www.morebooks.es

VDM Verlagsservicegesellschaft mbH
Dudweiler Landstr. 99
D - 66123 Saarbrücken

Telefon: +49 681 3720 174
Telefax: +49 681 3720 1749

info@vdm-vsg.de
www.vdm-vsg.de

Printed by Books on Demand GmbH, Norderstedt / Germany